원큐패스 QPASS

제빵 기능사 필기

빈출 문제 10회

이지선 저

다락원

머리말

최근 식탁에서 '주식(主食)'의 개념이 사라지고 있습니다. 매 끼니 주로 먹는 음식으로 우리 민족의 주식은 오랫동안 쌀이었습니다. 그러나 1950년대 이후 밀가루 원조와 분식 장려정책, 서구식 식생활의 유입으로 밀가루 음식이 확산되기 시작하였고 근래에 들어서는 맞벌이 부부와 1인가구의 증가로 간편한 음식을 선호하여 주식과 부식의 개념조차 모호해지고 있습니다. 밥과 반찬 대신 빵, 면, 과자, 디저트, 과일 등과 같은 식품이 바쁜 현대인들의 한끼 식사가 되면서 빵 또는 과자, 디저트 등도 간식을 넘어 식사 대용식으로 자리 잡고 있습니다. 이에 베이커리 시장이 성장한 것은 물론 커피와 함께 디저트 또는 빵을 함께 취급하는 카페도 늘어나 시장 규모가 4조원대에 이르고 있습니다. 이러한 경향은 제빵 기술인이 되기 위하여 제빵기능사 자격증을 취득하려는 사람들이 증가하고 있음을 나타냅니다.

본 교재는 식빵, 단과자빵 등 다양한 빵류를 만드는 블랑제가 되고자 하는 이들에게 빵류제품의 기초이자 필수인 제빵기능사 자격증을 단시간 내 취득하도록 도움을 주기 위해 만들었습니다. 이론의 경우, 최근 제빵 NCS를 기준으로 변경된 출제기준을 반영하여 능력단위별로 이론을 정리하였습니다. 또한 자칫 지루해질 수 있는 이론 부분은 간단하게 핵심만 서술하였으며 대신 지난 기출문제를 분석하여 재구성한 10회의 CBT 시험 문제와 구체적인 해설을 통해 수험생이 스스로 공부할 수 있도록 하였습니다.

이 교재가 제빵을 시작하는 모든 수험생들에게 제빵기능사 필기시험을 합격하는 데 밑거름이 되기를 기원하며 미래의 블랑제가 되실 여러분을 항상 응원하겠습니다. 추후 매년 출제 경향을 분석하여 수정 보완하여 더 좋은 교재가 되도록 노력하겠습니다.

끝으로 이 책의 출간을 위해 애써주신 다락원 임직원 여러분과 종로호텔제과직업전문학교 학교장님 외 모든 교직원분들께 감사인사를 드립니다.

저자 이지선 드림

이 책에 대한 문의사항은
원큐패스 카페(http://cafe.naver.com/1qpass)로 하시면 친절히 대답해 드립니다.

자격종목 **제빵기능사**

제빵기능사 **필기**	합격 ➡	제빵기능사 **실기**	합격 ➡	제빵기능사 **자격증 취득**

※ 필기합격은 2년 동안 유효합니다.
※ 제과기능사와의 필기시험 상호면제는 불가합니다.

응시방법 **한국산업인력공단 홈페이지**

회원가입 → 원서접수 신청 → 자격선택 → 종목선택 → 응시유형 → 추가입력 → 장소선택 → 결제하기

시험일정 **상시시험**

자세한 일정은 Q-net(http://q-net.or.kr)에서 확인

검정방법 **객관식 4지 택일형, 60문항**

시험시간 **1시간(60분)**

합격기준 **100점 만점에 60점 이상**

합격발표 **CBT 시험으로 시험 후 바로 확인**

출제기준

1	재료준비	재료 준비 및 계량	배합표 작성 및 점검, 재료 준비 및 계량 방법, 재료의 성분 및 특징, 기초재료과학, 재료의 영양학적 특성
2	빵류제품 제조	반죽 및 반죽 관리	반죽법의 종류 및 특징, 반죽의 결과 온도, 반죽의 비용적
		충전물·토핑물 제조	재료의 특성 및 전처리, 충전물·토핑물 제조 방법 및 특징
		반죽 발효 관리	발효 조건 및 상태 관리
		분할하기	반죽 분할
		둥글리기	반죽 둥글리기
		중간발효	발효 조건 및 상태 관리
		성형	성형하기
		팬닝	팬닝 방법
		반죽 익히기	반죽 익히기 방법의 종류 및 특징, 익히기 중 성분 변화의 특징
3	제품 저장관리	제품의 냉각 및 포장	제품의 냉각방법 및 특징, 포장재별 특성, 불량제품 관리
		제품의 저장 및 유통	저장방법의 종류 및 특징, 제품의 유통·보관방법, 제품의 저장·유통 중의 변질 및 오염원 관리방법
4	위생안전관리	식품위생 관련 법규 및 규정	식품위생법 관련 법규, HACCP 등의 개념 및 의의, 공정별 위해요소 파악 및 예방, 식품첨가물
		개인위생관리	개인위생관리, 식중독의 종류, 특성 및 예방방법, 감염병의 종류, 특징 및 예방방법
		환경위생관리	작업환경 위생관리, 소독제, 미생물의 종류와 특징 및 예방방법, 방충·방서 관리
		공정 점검 및 관리	공정의 이해 및 관리, 설비 및 기기

시험과목 및 활용 국가직무능력표준(NCS)

국가기술자격의 현장성과 활용성 제고를 위해 국가직무능력표준(NCS)를 기반으로 자격의 내용(시험과목, 출제기준 등)을 직무 중심으로 개편하여 시행합니다(적용시기 2020.1.1.부터).

과목명	빵류 재료, 제조 및 위생관리
활용 NCS 능력단위	빵류제품 재료혼합, 빵류제품 반죽발효, 빵류제품 반죽정형, 빵류제품 반죽익힘, 빵류제품 마무리, 빵류제품 위생안전관리, 빵류제품 생산작업준비

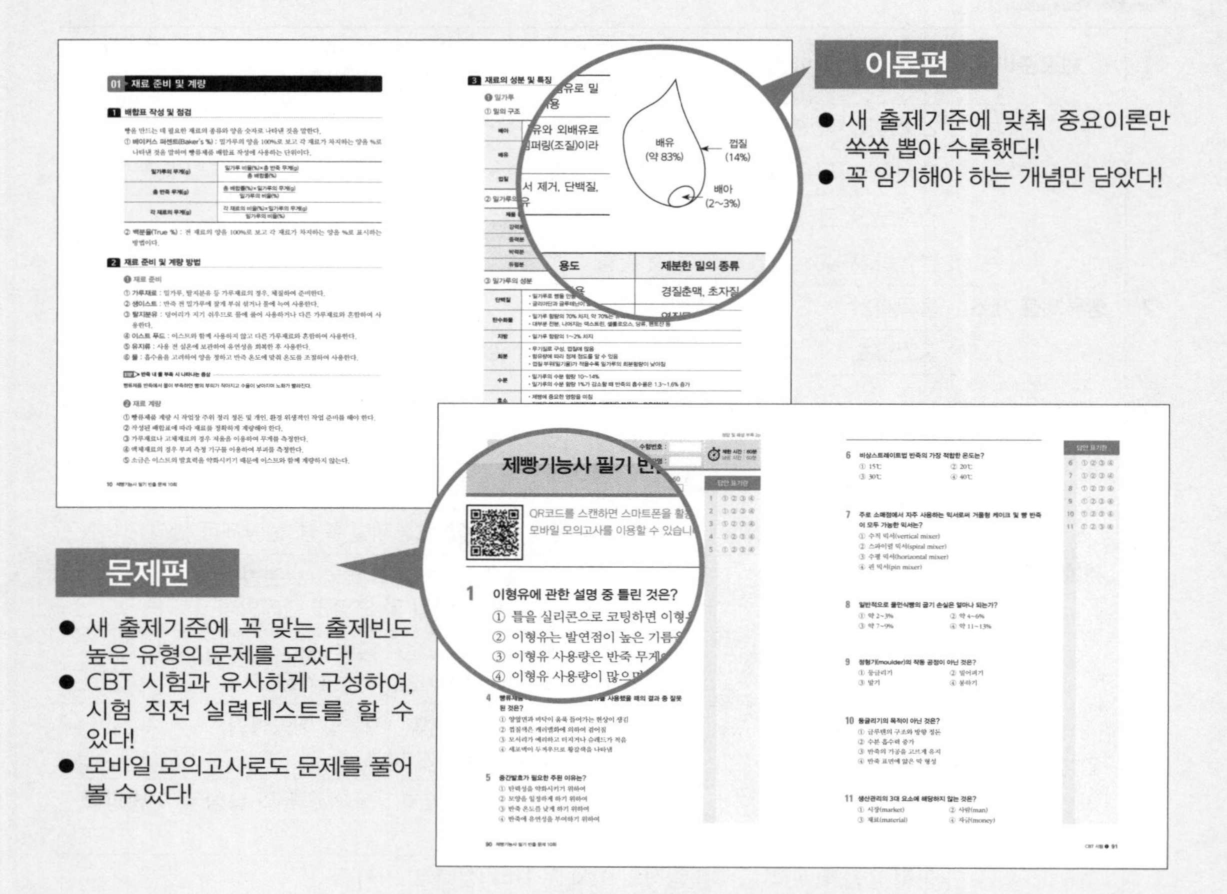

이론편

- 새 출제기준에 맞춰 중요이론만 쏙쏙 뽑아 수록했다!
- 꼭 암기해야 하는 개념만 담았다!

문제편

- 새 출제기준에 꼭 맞는 출제빈도 높은 유형의 문제를 모았다!
- CBT 시험과 유사하게 구성하여, 시험 직전 실력테스트를 할 수 있다!
- 모바일 모의고사로도 문제를 풀어 볼 수 있다!

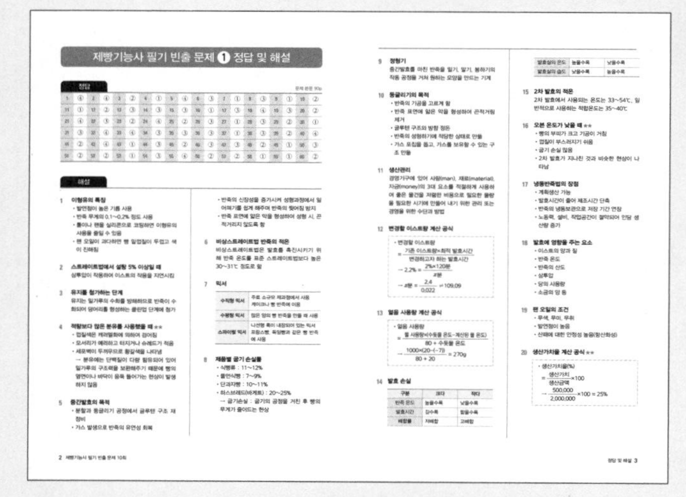

부록편

- 문제와 정답을 분리하여 수험자의 실력을 정확하게 체크할 수 있다!
- 이론에 없는 내용은 별표하여 해설을 통해 한 번 더 학습할 수 있다!

STEP 1

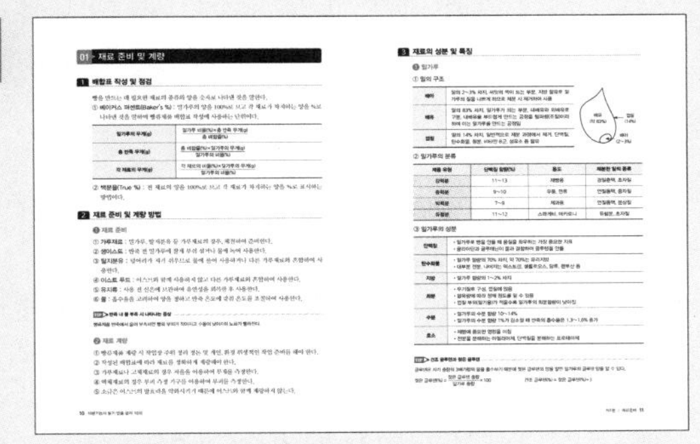

기본 개념 다지기

핵심 이론을 정독하여 꼭 암기해야 하는 개념을 정리한다.

STEP 2

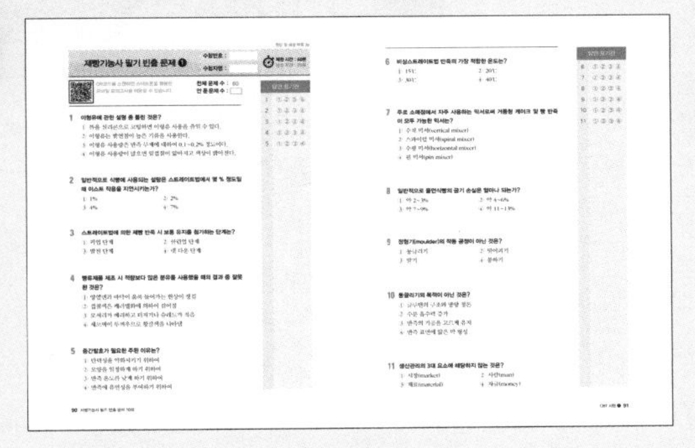

실제 시험 유형 익히기

새 출제기준에 꼭 맞는 출제빈도 높은 문제를 반복해서 풀어본다!

STEP 3

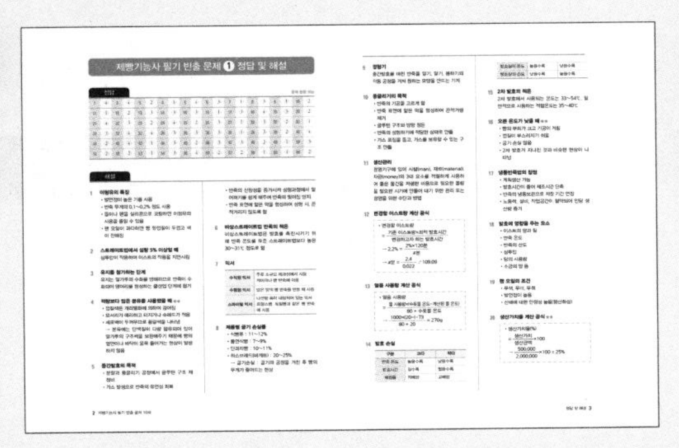

오답체크하기

본 책의 문제를 모두 푼 후 정답과 해설을 확인한다. 틀린 문제를 확인하고 정답과 해설을 외우자.

차례

제1편 재료준비

제2편 빵류제품 제조

제3편 제품 저장관리

제4편 위생안전관리

문제편

특별부록

재료준비

01 재료 준비 및 계량

1 배합표 작성 및 점검

빵을 만드는 데 필요한 재료의 종류와 양을 숫자로 나타낸 것을 말한다.

① 베이커스 퍼센트(Baker's %) : 밀가루의 양을 100%로 보고 각 재료가 차지하는 양을 %로 나타낸 것을 말하며 빵류제품 배합표 작성에 사용하는 단위이다.

밀가루의 무게(g)	$\frac{\text{밀가루 비율(\%)} \times \text{총 반죽 무게(g)}}{\text{총 배합률(\%)}}$
총 반죽 무게(g)	$\frac{\text{총 배합률(\%)} \times \text{밀가루의 무게(g)}}{\text{밀가루의 비율(\%)}}$
각 재료의 무게(g)	$\frac{\text{각 재료의 비율(\%)} \times \text{밀가루의 무게(g)}}{\text{밀가루의 비율(\%)}}$

② 백분율(True %) : 전 재료의 양을 100%로 보고 각 재료가 차지하는 양을 %로 표시하는 방법이다.

2 재료 준비 및 계량 방법

❶ 재료 준비

① 가루재료 : 밀가루, 탈지분유 등 가루재료의 경우, 체질하여 준비한다.

② 생이스트 : 반죽 전 밀가루에 잘게 부숴 섞거나 물에 녹여 사용한다.

③ 탈지분유 : 덩어리가 지기 쉬우므로 물에 풀어 사용하거나 다른 가루재료와 혼합하여 사용한다.

④ 이스트 푸드 : 이스트와 함께 사용하지 않고 다른 가루재료와 혼합하여 사용한다.

⑤ 유지류 : 사용 전 실온에 보관하여 유연성을 회복한 후 사용한다.

⑥ 물 : 흡수율을 고려하여 양을 정하고 반죽 온도에 맞춰 온도를 조절하여 사용한다.

TIP 반죽 내 물 부족 시 나타나는 증상

빵류제품 반죽에서 물이 부족하면 빵의 부피가 작아지고 수율이 낮아지며 노화가 빨라진다.

❷ 재료 계량

① 빵류제품 계량 시 작업장 주위 정리 정돈 및 개인, 환경 위생적인 작업 준비를 해야 한다.

② 작성된 배합표에 따라 재료를 정확하게 계량해야 한다.

③ 가루재료나 고체재료의 경우 저울을 이용하여 무게를 측정한다.

④ 액체재료의 경우 부피 측정 기구를 이용하여 부피를 측정한다.

⑤ 소금은 이스트의 발효력을 약화시키기 때문에 이스트와 함께 계량하지 않는다.

3 재료의 성분 및 특징

❶ 밀가루

① 밀의 구조

배아	밀의 2~3% 차지, 씨앗의 싹이 트는 부분, 지방 함유로 밀가루의 질을 나쁘게 하므로 제분 시 제거하여 사용
배유	밀의 83% 차지, 밀가루가 되는 부분, 내배유와 외배유로 구분, 내배유를 부드럽게 만드는 공정을 템퍼링(조질)이라 하며 이는 밀가루를 만드는 공정임
껍질	밀의 14% 차지, 일반적으로 제분 과정에서 제거, 단백질, 탄수화물, 철분, 비타민 B군, 섬유소 등 함유

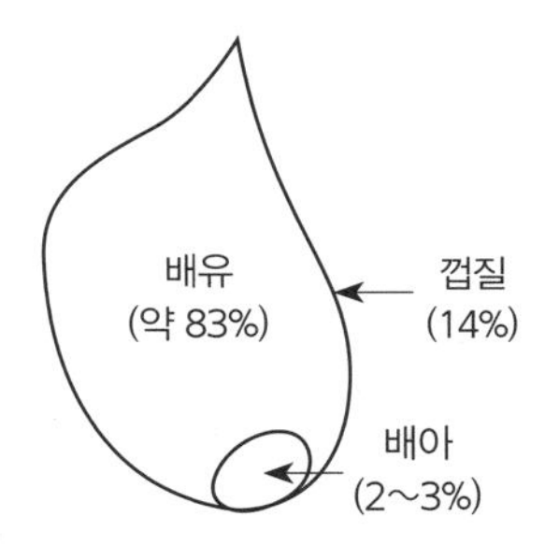

② 밀가루의 분류

제품 유형	단백질 함량(%)	용도	제분한 밀의 종류
강력분	11~13	제빵용	경질춘맥, 초자질
중력분	9~10	우동, 면류	연질동맥, 중자질
박력분	7~9	제과용	연질동맥, 분상질
듀럼분	11~12	스파게티, 마카로니	듀럼분, 초자질

③ 밀가루의 성분

단백질	• 밀가루로 빵을 만들 때 품질을 좌우하는 가장 중요한 지표 • 글리아딘과 글루테닌이 물과 결합하여 글루텐을 만듦
탄수화물	• 밀가루 함량의 70% 차지 • 대부분 전분, 나머지는 덱스트린, 셀룰로오스, 당류, 펜토산 등
지방	• 밀가루 함량의 1~2% 차지, 약 70%는 유리지방
회분	• 무기질로 구성, 껍질에 많음 • 함유량에 따라 정제 정도를 알 수 있음 • 껍질 부위(밀기울)가 적을수록 밀가루의 회분함량이 낮아짐
수분	• 밀가루의 수분 함량 10~14% • 밀가루의 수분 함량 1%가 감소할 때 반죽의 흡수율은 1.3~1.6% 증가
효소	• 제빵에 중요한 영향을 미침 • 전분을 분해하는 아밀라아제, 단백질을 분해하는 프로테아제

TIP 건조 글루텐과 젖은 글루텐

글루텐은 자기 중량의 3배가량의 물을 흡수하기 때문에 젖은 글루텐의 양을 알면 밀가루의 글루텐 양을 알 수 있다.

$$\text{젖은 글루텐(\%)} = \frac{\text{젖은 글루텐 중량}}{\text{밀가루 중량}} \times 100$$

$$\text{건조 글루텐(\%)} = \text{젖은 글루텐(\%)} \div 3$$

TIP 글리아딘과 글루테닌

- 글리아딘 : 반죽의 신장성과 점성과 관계가 있으며 70% 알코올에서 용해된다(약 36%).
- 글루테닌 : 탄력성과 관계가 있으며 묽은 산과 알칼리에 용해된다(약 20%).

❷ 달걀

① 구성 비율

껍질 : 노른자 : 흰자 = 10% : 30% : 60%

② 부위별 성분

흰자	수분과 단백질로 이루어져 있으며 오브알부민이 단백질 중 53% 정도를 차지
노른자	고형질의 70%를 차지하는 지방은 트리글리세리드, 인지질, 콜레스테롤, 카로틴, 비타민 등, 인지질 중 약 80%를 차지하는 레시틴은 천연유화제로 사용

③ 달걀의 기능

농후화제	단백질이 열에 의해 응고되어 유동성이 줄고 형태를 지탱할 구성체를 이룸 예 커스터드 크림, 푸딩 등
결합제	달걀의 점성과 단백질의 응고성을 이용 예 크로켓, 만두속 등
유화제	노른자에 들어있는 레시틴은 기름과 수용액을 혼합시킬 때 유화제 역할 예 마요네즈, 케이크, 아이스크림 등
팽창제	흰자의 단백질은 표면활성으로 기포를 형성 예 스펀지 케이크, 엔젤 푸드 케이크 등

④ 달걀의 신선도 측정

- 햇빛을 통해 봤을 때 속이 맑게 보인다.
- 달걀 껍질 표면에 광택이 없고 선명하다.
- 흔들었을 때 소리가 없다.
- 6~10%의 소금물에 넣으면 가라앉는다.

❸ 유지류

① 유지의 기능

쇼트닝성	연화기능	밀가루의 글루텐 형성 방해, 빵에는 부드러움을 줌
	윤활기능	믹싱 중 얇은 막 형성, 전분과 단백질이 단단해지는 것을 방지, 구워진 제품이 점착되는 것 방지
	팽창기능	믹싱 중 공기 포집, 굽기 과정을 통해 팽창하면서 적정한 부피와 조직을 만듦
	유화기능	유지가 수분을 흡수하여 보유하는 능력, 유지와 액체재료가 분리되지 않고 잘 섞이도록 함

크림성	믹싱 중 공기를 포집하여 크림이 되는 것, 반죽이 부드러워지고 부피가 커짐
안정성	지방의 산화와 산패를 억제하는 성질, 유지가 많이 들어가는 건과자와 튀김 제품 등에 필요
가소성	상온에서 고체형태를 유지하는 성질, 빵 반죽의 신장성을 좋게 하며, 잘 밀어펴지게 해줌, 가소성을 이용한 제품은 파이류, 페이스트리류 등

② 유지 제품의 종류

버터	• 유중수적형(W/O) • 우유의 유지방으로 제조 • 수분량 16% 내외 • 융점 낮고 크림성 부족 • 가소성 범위가 좁음
마가린	• 버터의 대용품으로 개발됨 • 주로 식물성 유지로 만듦 • 쇼트닝에 비해 융점 낮고 가소성 적음
쇼트닝	• 라드(돼지기름) 대용품으로 개발됨 • 무색, 무미, 무취 • 수분량 0% • 공기포집능력을 가져 케이크 반죽의 유동성, 기공과 조직, 부피, 저장성을 개선 • 빵류에는 부드러움을 주고 과자류에는 바삭한 식감을 줌
튀김기름	• 100%의 액체유지로 구성 • 수분량 0% • 발연현상 : 튀김 온도 185~195℃, 유리지방산 0.1% 이상 • 도넛 튀김용 유지는 발연점이 높은 면실유가 적당 • 튀김기름을 고온으로 계속 가열하거나 반복하여 사용하면 유리지방산이 많아져 발연점이 낮아짐

TIP 유중수적형(W/O)과 수중유적형(O/W)

- 유중수적형 : 기름 속에 물이 잔 입자 모양으로 분산 예 버터, 마가린, 쇼트닝
- 수중유적형 : 물 속에 기름이 잔 입자 모양으로 분산 예 마요네즈, 우유, 아이스크림

TIP 발연점

유지를 가열할 때 표면에서 푸른 연기가 발생할 때의 온도

TIP 튀김기름의 4대적

온도(열), 수분, 공기(산소), 이물질

TIP 항산화제

유지의 산화를 방지하기 위해 사용되는 것으로 비타민 E(토코페롤), 질소, 세사몰 등

❹ 유제품

① 우유

- 신선한 우유의 pH는 6.5~6.8이고 비중은 평균 1.030 전후이다.
- 수분 88%, 고형물 12%로 이루어져 있다.
- 유단백질의 구성

유단백질	비율	응고
카제인	80%	산, 레닌(효소)
락토알부민, 락토글로불린	20%	열

TIP 우유의 살균법

- 저온장시간 : 60~65℃, 30분간 가열
- 고온단시간 : 71.7℃, 15초간 가열
- 초고온순간 : 130~150℃, 3초 가열

② 유제품의 종류

<table>
<tr><td>시유</td><td colspan="2">• 음용을 위해 가공된 액상우유
• 시장에서 판매되는 우유</td></tr>
<tr><td rowspan="3">농축우유</td><td colspan="2">• 우유의 수분 함량을 감소시켜 고형질의 함량을 높인 것</td></tr>
<tr><td>크림</td><td>• 우유를 교반시킬 때 비중의 차이로 지방입자가 뭉쳐지는 것을 농축시켜 만든 것</td></tr>
<tr><td>연유</td><td>• 가당 연유 : 우유에 40%의 설탕을 첨가하여 1/3 부피로 농축시킨 것
• 무당 연유 : 우유 그대로 1/3 부피로 농축시킨 것</td></tr>
<tr><td rowspan="3">분유</td><td colspan="2">• 우유의 수분을 제거하여 분말상태로 만든 것</td></tr>
<tr><td>전지분유</td><td>• 우유의 수분만 제거하여 분말로 만든 것</td></tr>
<tr><td>탈지분유</td><td>• 우유의 수분과 유지방을 제거하여 분말상태로 만든 것</td></tr>
<tr><td>유장(유청)</td><td colspan="2">• 우유에서 유지방과 카제인을 분리하고 남은 액체제품
• 주성분은 유당이고 락토알부민, 락토글로불린, 칼슘 함유</td></tr>
<tr><td>요구르트</td><td colspan="2">• 우유나 그 밖의 유즙에 젖산균을 넣어 카제인을 응고시킨 후 발효, 숙성하여 만듦</td></tr>
<tr><td>치즈</td><td colspan="2">• 우유나 그 밖의 유즙에 레닌을 넣어 카제인을 응고시킨 후 발효, 숙성하여 만듦</td></tr>
</table>

③ 유제품의 기능

- 우유 단백질에 의해 믹싱내구력을 향상시킨다.
- 껍질색을 강하게 한다.
- 수분 보유력이 있어 노화를 지연시킨다.
- 영양과 맛을 향상시킨다.
- 이스트에 의해 생성된 향을 착향시킨다.

⑤ 소금

① 빵류제품에서 소금의 역할

- 잡균의 번식을 억제하는 방부효과가 있다.
- 껍질색을 조절하고 빵 내부를 누렇게 만든다.
- 설탕의 감미와 작용하여 풍미를 증가시키고 맛을 조절한다.
- 글루텐을 강화시켜 반죽은 견고해지고 제품은 탄력을 갖는다.
- 삼투압에 의해 이스트의 활력에 영향을 미치므로 소금의 양은 발효 진행 속도와 상관관계가 있다.

② 소금의 사용량

- 밀가루 대비 2% 정도 사용한다.
- 글루텐이 적은 밀가루 사용 시 약간 증가하여 사용한다.
- 연수 사용 시 사용량을 증가하여 사용한다.
- 여름철에는 소금의 양을 늘리고 겨울철에는 소금의 양을 줄여 사용한다.

TIP 빵류제품의 4대 기본재료

밀가루, 이스트, 물, 소금

⑥ 팽창제

팽창제는 반죽을 부풀게 하고 부드러운 조직을 부여해준다.

① 베이킹파우더

- 소다(탄산수소나트륨)·중조가 기본이 되고 산을 첨가하여 중화가를 맞춰 놓은 것이다.
- 과량의 산은 과자 반죽의 pH를 낮게 만들고 과량의 중조는 과자 반죽의 pH를 높게 만든다.
- 베이킹파우더의 팽창력은 이산화탄소에 의한 것이다.
- 케이크나 쿠키를 만들 때 사용된다.

TIP 베이킹파우더 사용량이 과다할 경우

- 밀도가 낮고 부피가 크다.
- 기공과 조직이 조밀하지 못해 속결이 거칠다.
- 속 색이 어둡다.
- 오븐 스프링이 커서 찌그러지거나 주저앉기 쉽다.

② 중조(탄산수소나트륨)

- 베이킹파우더의 주성분이다.
- 베이킹파우더 형태로 사용하거나 단독으로 사용한다.
- 과다사용 시 제품의 색상이 어두워지고 소다맛이 난다.

③ 암모늄염

- 물이 있으면 단독으로 작용하여 산성 산화물과 암모니아가스를 발생시킨다.
- 밀가루 단백질을 부드럽게 하는 효과를 낸다.

❼ 이스트

빵의 팽창제인 이스트는 효모라고 불리는 출아증식을 하는 단세포 생물로 반죽 내에서 발효하여 탄산가스와 알코올, 유기산을 생성하여 반죽을 팽창시키고 빵의 향미성분을 부여한다. 학명은 *Saccharomyces Cerevisiae*이다.

① 이스트의 종류

생이스트(압착 효모)	• 고형분 30~35%, 수분 70~75%
활성 건조효모	• 70% 이상인 생이스트의 수분을 7~9%로 건조시킨 것 • 생이스트를 대체하여 사용시 생이스트의 40~50%를 사용함

② 이스트의 특징과 기능

- 이스트 세포는 48℃에서 파괴가 시작되고 63℃에서 사멸한다.
- 반죽이 발효되는 동안에 포도당을 분해하여 탄산가스(이산화탄소)와 알코올을 생성한다.
- 이스트 발육의 최적 온도는 28~32℃, 최적 pH는 4.5~4.8이다.
- 통성호기성균으로 산소가 있으면 호흡작용을 하며 증식속도가 빠르다.

TIP 이스트의 3대 기능

팽창, 향의 형성, 반죽 숙성

③ 이스트의 효소

말타아제	맥아당 → 포도당 + 포도당
인버타아제	자당 → 포도당 + 과당
찌마아제	단당류(포도당, 과당) → 탄산가스 + 알코올
프로테아제	단백질 → 펩티드 + 아미노산
리파아제	지방 → 지방산 + 글리세린

❽ 이스트 푸드

이스트의 먹이로 이스트의 발효를 조절하고 빵 반죽과 빵 품질을 개선하는 첨가제로 사용하며 밀가루 중량 대비 0.1~0.2%를 사용한다.

① 이스트 푸드의 기능

- 반죽의 pH를 가스 발생력과 보유력이 가장 좋은 4~6으로 조절한다.
- 이스트의 먹이인 질소 등의 영양을 공급하여 가스 발생력을 향상시키고 발효를 조절한다.
- 물의 경도를 조절하여 제빵성을 향상시킨다.
- 반죽의 물리적 성질을 조절한다.

② 이스트 푸드의 구성

칼슘염	물 조절제로 물의 경도를 조절
인산염	생지의 pH를 효모의 발육에 가장 알맞은 미산성의 상태로 조절
암모늄염	이스트에 질소 등의 영양을 공급
전분	이스트 푸드의 충전제로 사용

❾ 물

① 물의 기능

- 빵 반죽에서 글루텐의 형성을 돕는다.
- 반죽의 온도를 조절한다.
- 재료를 분산시켜 효모와 효소의 활성을 제공한다.

② 물의 경도에 따른 분류

경수	• 180ppm 이상 • 센물이라고도 함 • 광천수, 바닷물, 온천수 해당 • 반죽에 사용 시 장점 : 빵 반죽의 경우 탄력성이 강해짐 • 반죽에 사용 시 단점 : 글루텐을 강화시켜 반죽이 질겨지고, 발효시간이 오래 걸림
연수	• 60ppm 이하 • 단물이라고 함 • 빗물, 증류수 해당 • 반죽에 사용 시 단점 : 글루텐 약화, 반죽이 연하고 끈적거림 • 반죽에 사용 시 장점 : 발효 속도 빠름
아연수	• 61～120ppm 미만 • 부드러운 물에 가깝다는 의미
아경수	• 120～180ppm 미만 • 빵류제품에 가장 적합 : 반죽의 글루텐을 경화시킴, 이스트에 영양물질 제공

TIP 경수 사용 시 조치사항

- 반죽이 되어지므로 가수량을 증가시킨다.
- 발효시간이 길어지므로 이스트의 사용량을 증가시킨다.
- 이스트 푸드, 소금, 무기질의 사용량을 감소시킨다.
- 반죽에 넣는 물의 양을 증가시킨다.

TIP 연수 사용 시 조치사항

- 반죽이 질어지므로 가수량을 2% 정도 감소시킨다.
- 가스 보유력이 떨어지므로 발효시간을 단축시킨다.
- 이스트 푸드와 소금의 양을 늘려 경도를 조절한다.

③ 자유수와 결합수

자유수	• 분자와의 결합이 약해서 쉽게 이동 가능한 물 • 식품 중에 존재 • 미생물에 이용되며 용매로 작용 • 0℃ 이하에서 동결 • 100℃에서 증발
결합수	• 토양이나 생체 속 등에서 강하게 결합되어서 쉽게 제거할 수 없는 물 • 식품 중 고분자 물질과 강하게 결합하여 존재 • 미생물 번식과 용매로 작용하지 못함 • −20℃에서도 잘 얼지 않으며 100℃에서 증발되지 않음

⑩ 안정제

물과 기름, 기포 등의 불완전한 상태를 안정된 구조로 바꿔주는 역할을 한다.

① 안정제의 사용 목적

- 흡수제로 노화를 지연시킨다.
- 아이싱이 부숴지는 것을 방지한다.
- 크림 토핑의 거품을 안정시키는 것으로 쓰인다.

② 안정제의 종류

한천	우뭇가사리에서 추출하며 젤리나 양갱 등에 쓰임
젤라틴	동물의 껍질과 연골 속에 있는 콜라겐에서 추출하며 무스나 바바루아의 안정제로 쓰임
펙틴	과일의 껍질에서 추출하며 젤리나 잼을 만들 때 쓰임
씨엠씨(CMC)	식물의 뿌리에 있는 셀룰로오스로 냉수에 쉽게 팽윤됨

⑪ 향신료

고대 이집트, 중동 등에서 방부제나 의약품의 목적으로 사용되었던 것이 식품으로 이용된 것이다.

① 향신료 사용 목적

- 맛과 향을 부여하여 식욕을 증진시킨다.
- 육류나 생선의 냄새를 제거하거나 완화시킨다.
- 주재료와 어울려 풍미를 향상시키고 보존성을 높여주기 위해 사용한다.

② 빵류제품에서 사용하는 향신료의 종류

넛메그	육두구과 교목의 열매를 일광건조시킨 것으로 넛메그와 메이스를 얻음
계피	녹과무과의 상록수인 계수나무의 껍질로 만듦
오레가노	꿀풀과에 속하는 다년생 식품의 잎을 건조시킨 향신료로 피자소스에 필수로 사용
생강	열대성 다년초의 다육질 뿌리로 매운맛과 특유의 방향을 가지고 있음

⑫ 감미제

빵류제품에서 빼놓을 수 없는 기본재료, 단맛을 제공, 영양소, 안정제, 발효조절제 역할을 한다.

설탕	• 정제당 : 불순물과 당밀을 제거하여 만든 설탕(액당, 전화당, 황설탕, 분당) • 함밀당 : 불순물만 제거하고 당밀은 함유되어 있는 설탕(흑설탕)
포도당	• 전분을 효소나 산으로 가수분해 시켜 얻은 전분당 • 발효성 탄수화물 중 효모에 의해 가장 먼저 발효되는 당
물엿	• 점성과 보습성이 뛰어나 제품의 조직을 부드럽게 할 목적으로 사용
맥아	• 발아시킨 보리(엿기름)의 낱알 • 맥아에 함유된 효소가 탄수화물과 단백질을 분해하여 반죽에 흐름성을 부여

TIP 빵류제품에 당밀을 넣는 이유

• 당밀 특유의 단맛과 독특한 풍미를 얻을 수 있음

• 제품 노화를 지연함

4 기초재료과학

❶ 탄수화물(당질)의 재료적 이해

탄소(C), 수소(H), 산소(O) 3원소로 구성된 유기화합물

① 탄수화물의 분류와 특성

단당류 (더 이상 가수분해 되지 않는 당)	포도당 (glucose-글루코오스)	• 두뇌, 신경세포, 적혈구의 에너지원 • 체내 당 대사의 중심물질 • 혈액에 있는 포도당 : 혈당
	과당 (fructose-프룩토오스)	• 과즙, 벌꿀 등에 유리형으로 많이 존재 • 당뇨병 환자 감미료로 사용
	갈락토오스 (galactose)	• 포도당과 결합하여 유당을 구성 • 지방과 결합하여 뇌, 신경 조직의 성분이 됨 • 단맛이 가장 약함
이당류 (두 개의 당으로 구성)	유당 (lactose-젖당)	• 포도당 + 갈락토오스 • 포유동물의 젖에 많이 포함되어 젖당이라고도 함 • 유당의 분해효소 : 락타아제 • 잡균의 번식을 막아 정장작용을 함 • 유산균에 의해 분해되어 유산 생성
	자당 (sucrose-설탕)	• 포도당 + 과당 • 당류의 단맛의 기준
	맥아당 (maltose-엿당)	• 포도당 + 포도당 • 맥아에 함유되어 있고 전분을 가수분해하는 효소인 아밀라아제에 의해 생성
	전화당	• 자당이 가수분해 될 때 생기는 중간산물 • 포도당과 과당이 1:1로 혼합된 당

다당류 (다수의 단당류로 구성)	단순다당류	• 단당류로만 구성된 다당류 • 전분, 글리코겐, 섬유소, 이눌린 등
	복합다당류	• 단당류 이외에 지방질이나 단백질 등의 성분이 복합되어 있는 다당류 • 펙틴, 키틴 등

② 감미도(자당의 감미도 100을 기준)

과당(175) 〉 전화당(130) 〉 자당(100) 〉 포도당(75) 〉 맥아당(32) = 갈락토오스(32) 〉 유당(10)

❷ 지방(지질)의 재료적 이해

탄소(C), 수소(H), 산소(O) 3원소로 구성된 유기화합물로 3분자의 지방산과 1분자의 글리세린이 에스테르 결합으로 만들어진 트리글리세리드

① 지방의 분류와 특성

단순지질	–	• 지방산과 글리세린의 에스테르 결합 • 동물성 유지(라이드, 버터 등), 식물성 유지(식용유 등), 왁스 등
복합지질	인지질	• 지질 + 인산 • 레시틴 : 뇌신경, 대두, 달걀노른자, 간 등에 존재, 지질 대사에 관여, 유화제 역할
	당지질	• 지질 + 당 • 뇌, 신경조직 등에 존재 • 세레브로시드 : 세포막의 구성 성분
	지단백질	• 지질 + 단백질 • 수용성으로 혈액 내에서 지방 운반
유도지질	에르고스테롤	• 맥각, 곰팡이, 효모, 버섯 등에 많이 함유되어 있는 식물성 스테롤 • 자외선에 의해 비타민 D_2가 되어 비타민 D_2의 전구체 역할
	콜레스테롤	• 뇌, 신경조직, 혈액 등에 들어있는 동물성 스테롤 • 간과 장벽, 부신 등 체내에서도 합성 • 자외선에 의해 비타민 D_3가 됨 • 식물성 기름과 함께 섭취하는 것이 좋음
	글리세린	• 지방산과 함께 지방을 구성하며 일명 글리세롤 • 흡습성, 안전성, 용매, 유화제 작용
	지방산	• 글리세린과 결합하여 지방을 구성

② 포화지방산과 불포화지방산

이중결합의 수에 따라 포화지방산과 불포화지방산으로 나뉜다.

포화지방산	• 주로 동물성 유지(소기름, 돼지기름, 버터 등)에 많이 함유 • 산화되기 어렵고 융점이 높아 상온에서 고체 상태로 존재 • 이중결합 없음 • 종류 : 뷰티르산, 카프르산, 마리스트산, 스테아르산, 팔미트산 등
불포화지방산	• 주로 식물성 유지(면실유, 대두유, 올리브유, 해바라기씨유 등)에 많이 함유 • 산화되기 쉽고 융점이 낮아 상온에서 액체 상태로 존재 • 이중결합 있음 • 이중결합이 많을수록 불포화도가 높아지고 불포화도가 높을수록 산패되기 쉬움 • 고도불포화지방산 : 아라키돈산, EPA, DHA 등 • 성인병 예방 효과 • 종류 : 올레산, 리놀레산, 리놀렌산, 아라키돈산 등

TIP 코코넛 기름

식물성이지만 90% 포화지방산을 함유하고 있다.

③ 필수지방산

- 체내에서 합성되지 않아 음식물에서 섭취해야 하는 지방산이다.
- 종류 : 리놀레산, 리놀렌산, 아라키돈산 등
- 기능 : 세포막 구조적 성분, 혈청 콜레스테롤 감소, 뇌와 신경조직, 시각기능 유지
- 대두유에는 리놀레산과 리놀렌산이 많이 들어 있어 노인이 섭취하면 좋다.
- 들기름에는 리놀렌산이 많이 들어 있어 두뇌성장과 시각기능을 증진시킨다.

❸ 단백질의 재료적 이해

탄소(C), 수소(H), 산소(O), 질소(N), 황(S), 인(P) 등으로 구성된 유기화합물로 질소가 단백질의 특성을 규정짓는다.

① 단백질의 분류

단순 단백질 (가수분해에 의해 아미노산만 생성)	**알부민**	• 물과 묽은 염류에 녹음 • 열과 강한 알코올에 응고
	글로불린	• 물에는 녹지 않으나 열과 강한 알코올에 응고
	글루텔린	• 중성 용매에는 녹지 않으나 묽은 산, 알칼리에는 녹음 • 밀의 글루테닌에 해당
	프롤라민	• 70~80%의 알코올에 용해 • 밀의 글리아딘, 옥수수의 제인, 보리의 호르데인이 해당

복합 단백질 (단순단백질에 다른 물질 결합)	핵단백질	• 세포의 활동을 지배하는 세포핵을 구성하는 단백질
	당단백질	• 복잡한 탄수화합물과 단백질이 결합한 화합물
	인단백질	• 단백질이 유기인과 결합한 화합물 • 우유의 카제인, 노른자의 오보비텔린이 해당
	색소단백질	• 발색단을 가지고 있는 단백질 화합물 • 헤모글로빈, 엽록소
	금속단백질	• 철, 구리, 아연, 망간 등과 결합한 단백질
유도 단백질	–	• 효소나 산, 알칼리, 열 등 적절한 작용제에 의한 분해로 얻어지는 단백질의 제1차, 제2차 분해산물 • 메타단백질, 프로테오스, 펩톤, 폴리펩티드, 펩티드

❹ 효소의 재료적 이해

단백질로 구성된 효소는 생물체 속에서 일어나는 유기화학 반응의 촉매역할을 한다.

① 탄수화물 분해효소

이당류 분해효소	인버타아제 (수크라아제)	• 설탕을 포도당과 과당으로 분해하여 이스트에 존재 • 소장에서 분비
	말타아제	• 장에서 분비 • 맥아당을 포도당 2분자로 분해하여 이스트에 존재
	락타아제	• 소장에서 분비 • 유당을 포도당과 갈락토오스로 분해
다당류 분해효소	아밀라아제 (디아스타아제)	• 전분 분해 효소 • 전분을 덱스트린 단위로 잘라 액화시킴 → 알파 아밀라아제(액화효소) • 잘려진 전분을 맥아당 단위로 자름 → 베타 아밀라아제(당화효소)
	셀룰라아제	• 섬유소를 포도당으로 분해
	이눌라아제	• 이눌린을 과당으로 분해 • 뿌리식물에 존재
산화효소	치마아제	• 단당류를 에틸알코올과 이산화탄소로 산화 • 제빵용 이스트에 존재
	퍼옥시다아제	• 카로틴계의 황색 색소를 무색으로 산화 • 대두에 존재

② 지방 분해효소

리파아제	• 지방을 지방산과 글리세린으로 분해
스테압신	• 췌장에 존재하며 지방을 지방산과 글리세린으로 분해

③ 단백질 분해효소

프로테아제	• 단백질을 펩톤, 폴리펩티드, 펩티드, 아미노산으로 분해
펩신	• 위액에 존재하는 단백질 분해효소
트립신	• 췌액에 존재하는 단백질 분해효소
레닌	• 위액에 존재하는 단백질 응고효소
펩티다아제	• 췌장에 존재하는 단백질 분해효소
에렙신	• 장액에 존재하는 단백질 분해효소

TIP 식물성 단백질 분해효소

• 파인애플 : 브로멜린
• 파파야 : 파파인
• 무화과 : 피신
• 배 : 프로테아제

5 재료의 영양학적 특성

❶ 체내 기능에 따른 영양소의 분류

① 영양 : 우리가 외부로부터 영양소를 섭취하고 신진대사에 의하여 신체를 유지하며 생활현상을 계속하는 전반의 관계를 말하는 것이다. 세계보건기구(WHO, World Health Organization)는 영양을 "생명체가 생명의 유지·성장·발육을 위하여 필요한 에너지와 몸을 구성하는 성분을 음식물을 통하여 섭취 및 소화, 흡수, 배설 등의 생리적 기능을 하는 과정이다." 라고 정의하였다.
② 영양소 : 생명체가 영양을 유지할 수 있도록 하는 식품에 들어있는 양분의 요소를 말한다.

❷ 탄수화물(당질)의 영양적 이해

탄소(C), 수소(H), 산소(O)로 구성되어 있으며 1일 적정 섭취량은 1일 총열량의 55~70%이다.

기능	• 1g당 4kcal의 에너지 공급원 • 간에서 지방합성 지방대사 조절 • 탄수화물 부족 시 지방과 단백질이 에너지원으로 사용 • 식이섬유 : 장운동을 촉진시켜 변비 예방 • 중추신경 유지, 혈당량 유지 등
대사와 영양	• 이당류와 다당류는 소화관 내에서 포도당으로 분해되어 소장에서 흡수 • 과잉 포도당 : 지방으로 전환 • 여분의 포도당 : 호르몬 인슐린에 의해 간, 근육에 글리코겐 형태로 저장

❸ 지방(지질)의 영양적 이해

탄소(C), 수소(H), 산소(O)로 이루어진 유기 화합물로 3분자의 지방산과 1분자의 글리세롤의 에스테르 결합으로 구성되어 있으므로 이것을 산이나 알칼리 혹은 효소가 가수분해하면 글리세롤과 지방산으로 분해된다. 1일 적정 섭취량은 1일 총열량의 20%이다.

기능	• 1g당 9kcal의 에너지 발생 • 지용성 비타민(A, D, E, K)의 흡수와 운반 도움 • 장내 윤활제 역할(변비 예방) • 외부 충격으로부터 내장기관 보호 • 피하지방 : 체온 발산을 막아 체온 조절
대사와 영양	• 간에서 지방의 연소와 합성이 이뤄짐 • 사용 후 남은 지방 : 피하, 복강, 근육에 저장 • 과잉섭취 : 고지혈증, 동맥경화, 당뇨, 심장병, 비만 등

TIP 필수지방산(비타민 F)

• 리놀레산, 리놀렌산, 아라키돈산이 있다.
• 노인의 경우, 콩기름을 섭취하는 것이 좋다.

❹ 단백질의 영양적 이해

탄소(C), 수소(H), 산소(O), 질소(N), 황(S), 인(P) 등으로 이루어져 있으며 질소는 평균 16%를 포함하고 있다. 1일 적정 섭취량은 1일 총열량의 10~20%이다.

기능	• 1g당 4kcal 에너지 발생 • 체조직, 혈액 단백질, 효소, 호르몬 등 구성 • 삼투압을 높게 유지시켜 체내 수분 균형 조절 • 성장기에 더 많은 단백질이 요구됨 • 성장 후에도 분해와 합성을 반복하기 때문에 단백질의 공급 중요 • 필수아미노산인 트립토판으로부터 나이아신 합성
과잉과 결핍	• 섭취가 과잉될 경우 : 발열 효과인 특이동적 작용이 강해 체온과 혈압이 증가하며 피로가 쉽게 옴 • 섭취가 결핍될 경우 : 발육 장애, 부종, 피부염, 머리카락 변색, 저항력 감퇴, 간질환 등의 증세를 수반하는 콰시오카 혹은 마라스무스 같은 질병이 나타남

① 필수아미노산

- 체내에서 합성되지 않으므로 반드시 음식물에서 섭취해야 한다.
- 체조직의 구성과 성장 발육에 반드시 필요하다.
- 동물성 단백질에 많이 함유되어 있다.
- 성인에게는 이소루신, 류신, 리신, 메티오닌, 페닐알라닌, 트레오닌, 트립토판, 발린 등 8종류가 필요하다.
- 성장기 어린이에게는 히스티딘과 알기닌을 추가한 10종의 아미노산이 필요하다.

TIP 제한아미노산

- 필수아미노산의 표준 필요량에 비해서 상대적으로 부족한 필수아미노산
- 옥수수 : 리신, 트립토판
- 쌀, 밀가루 : 리신, 트레오닌
- 두류, 채소류, 우유 : 메티오닌

TIP 단백질의 상호보조

- 부족한 제한아미노산을 서로 보완할 수 있는 두 가지
- 쌀과 콩, 빵과 우유, 시리얼과 우유

② 단백질의 영양가

<table>
<tr><td rowspan="3">단백질의 질소계수</td><td colspan="2">질소는 단백질만 있는 원소로서 16% 함유되어 있으므로 식품의 질소 함유량을 알면 그 식품의 단백질 함유량을 알 수 있음</td></tr>
<tr><td>질소계수</td><td>$\frac{100}{16} = 6.25$</td></tr>
<tr><td>단백질의 양</td><td>질소의 양 × 6.25</td></tr>
<tr><td rowspan="2">단백질 효율</td><td colspan="2">단백질 1g 섭취에 대한 체중의 증가량을 나타낸 것으로 단백질의 질 측정</td></tr>
<tr><td colspan="2">$\frac{\text{증가한 체중의 무게(g)}}{\text{섭취한 단백질의 무게(g)}}$</td></tr>
<tr><td rowspan="2">단백가(%)</td><td colspan="2">필수아미노산 비율이 이상적인 표준 단백질을 가정하여 이를 100으로 잡고 다른 단백질의 필수아미노산 함량을 비교하는 방법</td></tr>
<tr><td colspan="2">$\frac{\text{식품 중 필수아미노산 함량}}{\text{표준 단백질 필수아미노산 함량}} \times 100$</td></tr>
<tr><td rowspan="2">생물가(%)</td><td colspan="2">인체 내의 단백질 이용 정도를 평가하는 방법으로 생물가가 높을수록 체내이용률이 높음</td></tr>
<tr><td colspan="2">$\frac{\text{체내에 보유된 질소량}}{\text{체내에 흡수된 질소량}} \times 100$</td></tr>
</table>

TIP

밀가루는 단백질 중 질소의 구성이 17.5%로 질소계수는 5.70이다.

③ 단백질 분해효소

펩틴	위액 속에 들어있는 효소
레닌	단백질 응고
트립신	췌장에서 분비
펩티다아제	췌장에서 펩티드를 아미노산으로 전환
프로테아제	단백질을 펩틴, 폴리펩티드, 아미노산으로 전환

❺ 무기질의 영양적 이해

무기질은 인체를 구성하는 유기물이 연소한 후에 남아있는 회분으로 인체의 4~5%가 무기질로 구성되어 있다.

① 구성영양소 역할

경조직(뼈, 치아)	Ca(칼슘), P(인)
연조직(근육, 신경)	S(황), P(인)
티록신(갑상선호르몬, 체내 기능 물질)	I(요오드)

② 조절영양소 역할

삼투압 조절	Na(나트륨), Cl(염소), K(칼륨)
혈액 응고	Ca(칼슘)
체액 중성 유지	Ca(칼슘), Na(나트륨), K(칼륨), Mg(마그네슘)
신경 안정	Na(나트륨), K(칼륨), Mg(마그네슘)
위액 샘조직 분비	Cl(염소)
장액 샘조직 분비	Na(나트륨)

TIP 칼슘의 기능

효소 활성화, 혈액응고에 필수적, 근육수축, 신경흥분전도, 심장박동, 세포막을 통한 활성물질의 반출

TIP 무기질의 결핍증

- 요오드(I) : 갑상선종
- 마그네슘(Mg) : 근육약화, 경련
- 나트륨(Na) : 구토, 발한, 설사
- 철(Fe) : 빈혈
- 염소(Cl) : 소화불량, 식욕부진

❻ 비타민의 영양적 이해

비타민은 성장과 생명유지에 필수적인 물질로 대부분 조절제의 역할을 하며 그 자체가 열량소로는 작용하지 않는다.

영양학적 특징	• 탄수화물, 지방, 단백질 대사에 조효소 역할 • 반드시 음식물에서 섭취해야 함 • 신체 기능을 조절하는 조절영양소 • 에너지를 발생하거나 체조직을 구성하는 물질이 되지는 않음

① 수용성 비타민

비타민 B_1 (티아민)	• 탄수화물 대사에서 조효소로 작용 • 말초신경계의 기능에 관여 • 결핍증 : 각기병, 식욕감퇴, 피로, 혈압 저하, 체온 저하, 부종 등

비타민 B_2 **(리보플라빈)**	• 성장촉진 작용 • 피부, 점막 보호 • 결핍증 : 구순구각염, 설염 등
비타민 B_3 **(나이아신)**	• 체내에서 필수아미노산인 트립토판으로부터 나이아신 합성 • 결핍증 : 펠라그라(피부병, 식욕부진, 설사, 우울 등의 증세)
비타민 B_6 **(피리독신)**	• 단백질 대사 과정에서 보조 효소로 작용 • 결핍증 : 피부염
비타민 B_9 **(엽산)**	• 헤모글로빈, 적혈구를 비롯한 세포의 생성 도움 • 결핍증 : 빈혈, 장염, 설사 등
비타민 C **(아스코르빈산)**	• 산소의 산화능력을 비활성화시키는 기능 • 항산화 작용의 보조제로 사용 • 백혈구의 면역 활동 증진, 혈관의 노화방지 등의 효과 • 결핍증 : 괴혈병, 상처회복 지연, 면역체계의 손상 등
판토넨산	• 비타민 B의 복합체 • 조효소 형성 • 지질대사에 관여

② 지용성 비타민

비타민 A **(레티놀)**	• 눈의 망막세포 구성 • 피부 상피세포 유지 기능 • 결핍증 : 야맹증, 안구건조증, 피부 상피조직의 각질화 등
비타민 D **(칼시페롤)**	• 칼슘과 인의 흡수 도움 • 골격형성 도움 • 결핍증 : 구루병, 골다공증, 골연화증 등
비타민 E **(토코페롤)**	• 항산화제 • 생식기능 유지 기능 • 결핍증 : 불임증, 근육위축증
비타민 K **(필로퀴논)**	• 혈액 응고 관여 • 장내세균이 작용하여 인체 내에서 합성 • 결핍증 : 혈액응고 지연

③ 수용성 비타민과 지용성 비타민의 특징

수용성 비타민	지용성 비타민
• 포도당, 아미노산, 글리세린 등과 함께 소화, 흡수되어 사용 • 체내에 저장되지 않아 과잉 섭취 시, 소변으로 배출됨 • 모세혈관으로 흡수 • 매일 공급해야 하며 결핍증세가 신속하게 나타남	• 지질과 함께 소화, 흡수되어 사용 • 간장에 운반되어 저장 • 섭취과잉으로 인한 독성 유발 가능 • 결핍증세가 서서히 나타나며 매일 공급할 필요가 없음

❼ 물의 영양적 이해

① 물의 기능

- 삼투압을 조절하여 체액을 정상으로 유지한다.
- 영양소와 노폐물을 운반한다.
- 체온을 조절한다.
- 체내 60~70% 구성으로 생명유지에 필수적이다.
- 외부 자극으로부터 내장 기관을 보호한다.

② 물 부족 시 나타나는 현상

- 혈압이 낮아지고 심한 경우 혼수상태에 이른다.
- 근육부종, 허약 등이 일어난다.
- 손발이 차고 호흡이 잦고 짧아진다.
- 창백하고 식은땀이 나며 맥박이 빠르고 약해진다.

❽ 영양소의 소화흡수

① 효소의 물리적·화학적 특징

- 음식물의 소화를 돕는 작용을 가진 단백질의 일종이다.
- 소화액에 들어있다.
- 열에 약하고 pH에 영향을 받는다.
- 한 가지 효소는 한 가지 물질만을 분해한다.

② 소화효소의 종류

탄수화물 분해효소	아밀라아제, 수크라아제, 말타아제, 락타아제
지방 분해효소	리파아제, 스테압신
단백질 분해효소	펩신, 트립신, 에렙신, 펩티다아제, 레닌

③ 효소의 특징

효소	특징
펩신 (pepsin)	위액 속에 존재하는 단백질 분해효소로 육류 속 단백질 일부를 폴리펩티드로 만듦
트립신 (trypsin)	췌액의 한 성분으로 분비되고 십이지장에서 단백질을 가수분해하는 필수적인 물질
락타아제 (lactase)	소장에서 분비되며 유당을 포도당과 갈락토오스로 분해

④ 소화흡수율

- 소화흡수율은 영양소의 소화흡수 정도를 나타내는 지표이다.
- 열량 영양소의 소화 흡수율: 탄수화물 98%, 지방 95%, 단백질 92%

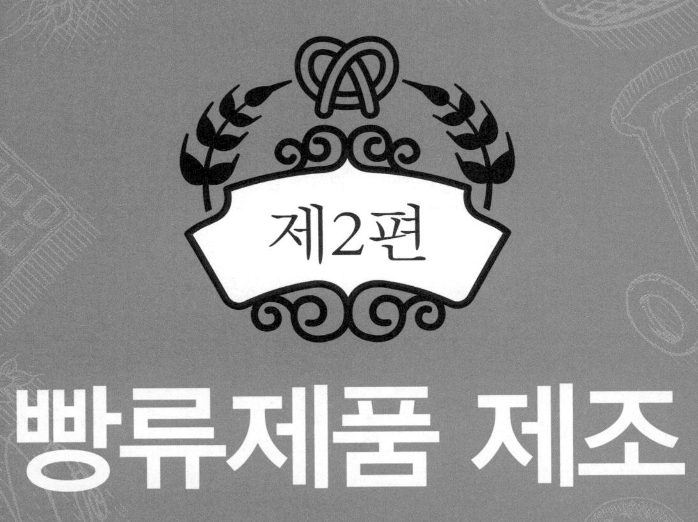

제2편

빵류제품 제조

01 반죽 및 반죽 관리

1 반죽하기(믹싱)

배합재료를 균일하게 혼합시키고 글루텐을 형성·발전시킨다. 반죽에 공기를 혼합시켜 이스트의 활력과 반죽의 산화를 촉진시킨다.

❶ 반죽의 물리적 특성

점탄성	점성과 탄력성을 동시에 가지고 있는 성질
탄력성	성형단계에서 반죽이 원래의 상태로 돌아가려는 성질
신장성	반죽이 늘어나는 성질
흐름성	반죽이 팬이나 용기에 가득 차도록 흐르는 성질
가소성	반죽이 성형과정에서 형성된 모양을 유지시키려는 성질

❷ 믹싱의 6단계

단계	품목	특징
픽업 단계 (혼합 단계)	데니시 페이스트리	유지를 제외한 모든 재료를 넣고 대충 혼합하는 단계, 반죽에 끈기가 없어 끈적거리는 상태이며 저속으로 1~2분 정도 돌림
클린업 단계 (청결 단계)	스펀지 도우법의 스펀지 반죽	글루텐이 형성되기 시작하는 단계로 반죽이 한 덩어리로 뭉쳐 어느 정도 수화가 완료되는 단계, 유지는 밀가루의 수화를 방해하므로 반죽이 수화되어 덩어리를 형성하는 클린업 단계에 넣음
발전 단계	하스브레드	글루텐이 가장 많이 생성되어 탄력성이 최대로 증가하는 단계, 반죽이 강하고 단단하며 매끈해짐
최종 단계	식빵, 단과자빵	탄력성과 신장성이 가장 좋으며 반죽이 부드럽고 윤이 나는 단계, 반죽을 양손으로 펼치면 찢어지지 않는 얇은 막이 형성
렛 다운 단계 (지친 단계)	잉글리시 머핀, 햄버거빵	과반죽의 상태로 글루텐의 구조가 다소 파괴되는 단계, 반죽이 저치고 탄력성을 잃으며 신장성은 최대
파괴 단계	–	글루텐이 완전히 파괴되어 탄력성과 신장성이 줄어들어 결합력이 거의 없는 단계, 이 반죽을 구우면 팽창이 일어나지 않고 제품이 거칠며 신맛이 남

❸ 반죽의 흡수율에 영향을 미치는 요소

① 손상 전분 1% 증가 시 흡수율은 1.5~2% 증가된다.

② 설탕 5% 증가 시 흡수율은 1% 감소된다.

③ 반죽 온도가 5℃ 올라가면 수분 흡수율은 3% 감소하고 반죽 온도가 5℃ 내려가면 수분 흡수율은 3% 증가된다.

④ 밀가루의 단백질이 1% 증가하면 흡수율은 1.5% 증가한다.

⑤ 연수를 사용하면 글루텐이 약해져 흡수량이 적어지고 경수를 사용하면 글루텐이 강해져 흡수량이 많아진다.

⑥ 소금을 믹싱 초기(픽업)단계에 넣으면 글루텐을 단단하게 만들어 수분 흡수율을 약 8% 감소시킨다.

2 반죽법의 종류 및 특징

❶ 스트레이트법

모든 재료를 믹서에 한꺼번에 넣고 믹싱하는 방법으로 모든 종류의 빵에 사용할 수 있으며 소규모 제과점에서 주로 사용한다.

① 스트레이트법의 제조 공정

배합표 작성 → 재료 계량 → 반죽(반죽 온도 27℃) → 1차 발효(온도 27℃, 상대습도 75~80%) → 펀치(발효 후 반죽 부피가 2~2.5배 되었을 때 반죽에 압력을 주어 가스를 뺀다) → 분할 → 둥글리기 → 중간발효(온도 27~29℃, 상대습도 75%) → 정형 → 팬닝 → 2차 발효(온도 35~43℃, 상대습도 85~90%) → 굽기 → 냉각

② 스트레이트법의 장·단점(스펀지법과 비교)

장점	• 발효손실을 줄일 수 있음 • 제조장과 장비 간단함 • 제조 공정 단순함 • 노동력과 시간이 절감됨
단점	• 잘못된 공정을 수정하기 힘듦 • 노화가 빠름 • 발효 내구성 약함 • 정형 공정 기계내성 약함

❷ 스펀지 도우법

처음의 반죽을 스펀지(sponge) 반죽, 나중 반죽을 본(dough) 반죽이라 하여 배합을 두 번하는 방법으로 발효공정상 다른 제법보다 실패율이 적어 주로 대규모 제빵 공장에서 사용한다.

① 스펀지 도우법의 제조 공정

배합표 작성 → 재료 계량 → 스펀지 반죽(반죽 온도 22~26℃, 저속 4~6분 믹싱) → 스펀지 발효(온도 27℃, 상대습도 75~80%) → 본(도우) 반죽(반죽 온도 27℃, 약간 처지는 상태) → 플로어 타임(반죽 시 파괴된 글루텐층을 다시 재결합시키는 숙성 공정, 10~40분) → 분할 → 둥글리기 → 중간발효(온도 27~29℃, 상대습도 75%) → 정형 → 팬닝 → 2차 발효(온도 35~43℃, 상대습도 85~90%) → 굽기 → 냉각

② 스펀지 도우법의 장·단점(스트레이트법과 비교)

장점	• 노화가 지연되어 제품의 저장성 좋음 • 부피가 크고 속결이 부드러움 • 발효 내구성 강함 • 작업 공정에 대한 융통성이 있음
단점	• 시설, 노동력, 장소 등 경비 증가 • 발효 손실 증가

TIP 플로어 타임에 영향을 주는 요소

• 본 반죽 시간이 길어질수록 플로어 타임도 길어진다.
• 스펀지 반죽에 사용한 밀가루의 양이 많을수록 플로어 타임은 짧아진다.

❸ 액체 발효법

스펀지법의 변형으로 스펀지 대신 이스트, 이스트 푸드, 물, 설탕, 분유 등을 섞어 발효시킨 액종을 만들어 사용하는 방법으로 분유를 완충제로 사용하여 발효가 거칠게 일어나는 것을 안정시킨다.

① 액체 발효법의 제조 공정

배합표 작성 → 재료 계량 → 액종 만들기(온도 30℃, 2~3시간 발효) → 본반죽(반죽 온도 28~32℃) → 플로어 타임(15분) → 분할 → 둥글리기 → 중간발효(온도 27~29℃) → 정형 → 팬닝 → 2차 발효(온도 35~43℃, 상대습도 85~95%) → 굽기 → 냉각

② 액체 발효법의 장·단점

장점	• 한 번에 많은 양의 발효 가능 • 균일한 제품의 생산 가능 • 펌프와 탱크 설비가 이루어져 있어 공간, 설비 감소 • 발효 손실에 따른 생산 손실을 줄일 수 있음
단점	• 환원제, 연화제를 필요로 함 • 산화제 사용이 늘어남

❹ 비상반죽법(비상스트레이트법)

갑작스런 주문에 빠르게 대처하기 위해 표준스트레이트법 또는 스펀지법을 변형시킨 방법으로 공정 중 발효를 촉진시켜 전체 공정시간을 단축하는 방법이다.

① 비상반죽법의 필수 조치

- 반죽시간을 20~30%로 증가시킨다.
- 설탕 사용량을 1% 감소시킨다.
- 비상스트레이트법의 1차 발효시간은 15~30분, 비상스펀지법은 30분 이상으로 한다.
- 반죽 온도는 30℃로 한다.
- 이스트 사용량은 2배, 물은 1% 증가시킨다.

② 비상스트레이트법의 장·단점

장점	• 비상 시 대체 용이 • 제조 시간이 짧아 노동력과 임금 절약
단점	• 부피가 고르지 못함 • 이스트 냄새가 나며 노화가 빠르게 진행됨

❺ 연속식 제빵법

액체 발효법을 이용하여 모든 공정을 자동화된 기계로 계속적이고 자동적으로 진행하여 빵을 제조하는 방법이다. 대규모 공장에서 단일 품목을 대량생산할 때 적합한 방법이다.

① 연속식 제빵법의 제조 공정

배합표 작성 → 재료 계량 → 액체발효기(액종용 재료를 넣고 섞어 30℃로 조절) → 열교환기(액종 온도가 30℃가 되도록 열교환기를 통과시켜 예비 혼합기로 보냄) → 산화제용액탱크(이스트 푸드와 브롬산칼륨, 인산칼륨 등 산화제를 녹여 예비 혼합기로 보냄) → 쇼트닝 온도 조절기(쇼트닝 조각을 녹여 예비 혼합기로 보냄) → 밀가루 급송장치(액종에 사용하고 남은 밀가루를 예비 혼합기로 보냄) → 예비 혼합기(각종 재료들을 고루 섞음) → 디벨로퍼(반죽기) → 분할, 팬닝 → 2차 발효(온도 35~43℃, 상대습도 85~90%) → 굽기 → 냉각

② 연속식 제빵법의 장·단점

장점	• 발효 손실 감소 • 설비가 감소되어 공장면적 감소 • 노동력을 줄일 수 있음
단점	• 초기 설비 투자 비용 큼 • 산화제 첨가로 인해 발효향이 감소

❻ 노타임 반죽법

1차 발효를 하지 않거나 짧게 하는 대신에 산화제와 환원제를 사용하여 믹싱과 발효시간을 감소시켜 제조 공정을 단축하는 방법이다.

① 산화제와 환원제

산화제	환원제
• 요오드칼륨 : 속효성 작용 • 브롬산칼륨 : 지효성 작용	• L-시스테인 : S-S결합을 절단 • 프로테아제 : 단백질을 분해하는 효소

② 노타임 반죽법으로 변경 시 조치사항

- 물 사용량을 2% 줄인다.
- 설탕 사용량을 1% 줄인다.
- 이스트 사용량을 0.5~1% 늘린다.
- 브롬산칼륨을 산화제로 30~50ppm 사용한다.
- L-시스테인을 환원제로 10~70ppm 사용한다.
- 반죽 온도를 30~32℃로 한다.

③ 노타임 반죽법의 장·단점

장점	• 제조시간 절약 • 반죽이 부드러우며 흡수율이 좋음 • 빵의 속결이 치밀하고 고름 • 반죽의 기계 내성이 양호
단점	• 제품에 광택이 없음 • 제품의 질이 고르지 않음 • 맛과 향이 좋지 않음

❼ 냉동반죽법

1차 발효 또는 성형 후 −40℃로 급속냉동시켜 −20℃ 전후로 보관한 반죽을 해동시켜 제조하는 방법으로 보통 반죽보다 이스트의 양을 2배로 사용한다.

① 냉동반죽법의 제조 공정

반죽(스트레이트법) → 1차 발효(0~15분 정도로 짧게 함) → 분할 → 정형 → 냉동저장(−40℃로 급속냉동하여 −25~−18℃에서 보관) → 해동(5~10℃ 냉장고에서 15~16시간 완만하게 해동하거나 도우 컨디셔너나 리타드 등의 해동기기를 이용하여 해동) → 2차 발효(온도 30~33℃, 상대습도 80%) → 굽기

② 냉동반죽법의 장·단점

장점	• 다양한 제품의 소량생산과 계획생산이 가능 • 제품의 노화 지연 • 운송 및 배달 용이 • 발효시간이 줄어 제조 시간 단축 • 빵의 부피가 크고 빵의 향기가 좋음
단점	• 반죽이 퍼지기 쉬움 • 가스 보유력과 발생력이 떨어짐 • 많은 양의 산화제를 사용해야 함

❽ 기타 제빵의 제법

제법	내용
오버나이트 스펀지법	• 밤새 발효시킨 스펀지를 이용하는 방법 • 발효 손실이 가장 큼 • 제품은 풍부한 발효향을 지니게 됨
사워종법	• 이스트를 사용하지 않고 호밀가루나 밀가루에 자생하는 효모균류, 유산균류, 초산균류와 물을 반죽하여 배양한 발효종을 이용하는 제빵법
찰리우드법	• 발효를 하지 않고 산화제와 초고속 반죽기를 이용하여 반죽을 만드는 방법 • 공정이 짧아 시간 절약 • 제품의 풍미가 떨어지고 노화가 빠르며, 손상된 전분 증가
재반죽법	• 스트레이트법에서 변형된 방법 • 모든 재료를 넣고 물만 8% 정도 남겨 두었다가 발효 후 나머지 물을 넣고 반죽하는 방법 • 스펀지법의 장점을 가져 기계 내성이 좋고 균일한 상태의 제품을 만들며, 식감과 색상 양호

❾ 제품별 제빵법

① 불란서빵(바게트)

설탕, 유지, 달걀을 거의 쓰지 않고 겉껍질이 단단한 하스 브레드의 종류 중 하나이다.

믹싱(발전단계까지) → 1차 발효(온도 27℃, 상대습도 65~75%, 시간 70~80분) → 분할 및 둥글리기(270g씩 6등분) → 중간발효 및 정형(가스빼기 후 30cm 둥근 막대형) → 팬닝(평철판에 3개씩) → 2차 발효(온도 30~33℃, 상대습도 75%, 시간 50~70분) → 칼집내기 → 굽기(오븐에 넣기 전 스팀 분사 또는 분무 후 220~240℃에서 35~40분간)

TIP 오븐에 넣기 전 스팀 분사하는 이유

껍질을 얇고 바삭하며 윤기가 나게 하기 위해서

② 건포도 식빵

일반 식빵의 밀가루 기준 50%의 전처리한 건포도를 넣어 만든 빵이다.

믹싱(최종단계에 전처리한 건포도를 넣고 가볍게 섞기) → 1차 발효(온도 27℃, 상대습도 80%, 시간 70~80분) → 분할 및 둥글리기 → 중간발효 및 정형 → 팬닝(이음매를 밑으로 가게 한다) → 2차 발효(온도 35~45℃, 상대습도 85% 전후, 시간 50~70분, 팬 위 1~2cm까지) → 굽기(40~50분간)

TIP 건포도 전처리 방법

27℃의 물에 담갔다가 체에 걸러 물기를 제거하고 방치한다.

TIP 건포도 전처리 효과

- 건포도의 맛과 향이 살아난다.
- 건포도가 빵과 잘 섞이고 결합이 잘 이뤄진다.
- 빵 속의 수분을 빼앗지 않아 건조해지지 않는다.

③ 단과자빵류

식빵 반죽에 비해 설탕, 유지, 달걀을 더 많이 배합한 빵을 말한다.

믹싱(최종단계) → 1차 발효(온도 27℃, 상대습도 75~80%, 시간 80~100시간) → 분할 및 둥글리기 → 중간발효 → 정형 → 팬닝 → 2차 발효(온도 35~40℃, 상대습도 85%, 시간 30~35분) → 굽기(윗불 190℃, 밑불 150℃에서 12~15분)

④ 데니시 페이스트리

과자용 반죽이 퍼프 페이스트리에 설탕, 달걀, 유지, 이스트를 넣고 믹싱한 후 롤인용 유지를 넣고 밀어펴기를 반복한 후 구운 제품이다.

믹싱(발전단계, 반죽 온도 18~22℃) → 냉장휴지 → 밀어펴기(3절 접기 3회) → 정형 → 팬닝 → 2차 발효(온도 28~33℃, 상대습도 70~75%, 시간 30~40분) → 굽기(15~18분간)

TIP

필기시험에는 데니시 페이스트리의 믹싱 완료점을 픽업 단계로 정한다.

3 반죽의 결과 온도

반죽의 온도에 가장 많은 영향을 주는 재료는 밀가루와 물이며 온도 조절이 가장 쉬운 물을 사용하여 반죽 온도를 조절한다.

❶ 스트레이트법 반죽 온도 계산법

마찰계수	(결과 온도×3)−(밀가루 온도+실내온도+수돗물 온도)
계산된 사용수 온도	(희망 온도×3)−(밀가루 온도+실내온도+마찰계수)
얼음 사용량	$\frac{\text{사용할 물량×(수돗물 온도−계산된 사용수 온도)}}{\text{80+수돗물 온도}}$

❷ 스펀지/도우법에서의 반죽 온도 계산법

마찰계수	(결과 온도×4)−(밀가루 온도+실내온도+수돗물 온도+스펀지반죽 온도)
계산된 사용수 온도	(희망 온도×4)−(밀가루 온도+실내온도+마찰계수+스펀지반죽 온도)
얼음 사용량	$\frac{\text{사용할 물량×(수돗물 온도−계산된 사용수 온도)}}{\text{80+수돗물 온도}}$

4 반죽의 비용적

제시된 틀과 비교해서 반죽량이 너무 많거나 적은 상태에서 빵을 굽게 되면 만족스러운 제품이 나올 수 없다.

❶ 틀의 용적

비용적	반죽 1g을 발효시켜 구웠을 때 제품이 차지하는 부피
반죽의 적정 분할량	$\frac{\text{틀의 용적}}{\text{비용적}}$

❷ 틀 용적의 결정

① 틀의 길이를 측정하여 용적을 계산하는 방법
② 유채씨를 가득 채운 후 그 용적을 실린더로 재는 방법
③ 물을 가득 채운 후 그 용적을 실린더로 재는 방법

❸ 비용적

① 비용적의 물리학적 의미는 단위 질량을 가진 물체가 차지하는 부피를 말하며 단위는 cm^3/g임
② 산형식빵은 3.2~3.4cm^3/g, 풀먼식빵은 3.3~4.0cm^3/g

02 충전물 · 토핑물 제조

1 재료의 특성 및 전처리

❶ 아이싱

<table>
<tr><td colspan="2">단순 아이싱</td><td>분당, 물, 물엿, 향료를 섞고 43℃로 데워 되직한 페이스트 상태로 만드는 것</td></tr>
<tr><td rowspan="3">크림아이싱</td><td>퍼지 아이싱</td><td>설탕, 버터, 초콜릿, 우유를 넣고 크림화시켜 만드는 것</td></tr>
<tr><td>퐁당 아이싱</td><td>설탕 시럽을 기포하며 만드는 것</td></tr>
<tr><td>마시멜로 아이싱</td><td>흰자에 설탕 시럽을 넣어 거품을 올려 만든 것</td></tr>
</table>

TIP 굳은 아이싱을 풀어주는 조치

- 아이싱에 최소의 액체 섞기
- 35~43℃로 중탕
- 설탕 시럽(2 : 1) 넣기

TIP 아이싱의 끈적거림을 방지하는 조치

- 젤라틴, 식물성 검, 한천 등 안정제 사용
- 전분, 밀가루 같은 수분흡수제 사용

❷ 글레이즈

빵류제품 표면에 광택을 내는 일 또는 표면이 마르지 않도록 젤라틴, 시럽, 퐁당, 초콜릿 등을 바르는 것을 의미한다.

TIP

도넛과 케이크의 글레이즈는 43~50℃가 적당

❸ 퐁당

설탕 100에 물 30을 넣고 114~118℃로 끓인 후 희뿌연 상태로 결정화 한 것을 말한다.

❹ 커스터드 크림

우유, 달걀, 설탕을 섞고 안정제(옥수수전분이나 박력분)를 넣어 끓인 크림이다.

2 충전물·토핑물 제조 방법 및 특징

충전물은 빵류제품 속에 들어가는 식품으로 굽기 공정 후에 추가적으로 빵류제품 사이에 추가하는 식품을 말한다

❶ 크림 충전물

빵의 제조 공정 중간에 들어가는 경우도 있으며 굽기를 마친 후에 충전제와 토핑제로 많이 사용된다. 크림은 기본적으로 지방과 공기를 이용하여 빵에 부드러움과 고소한 식감을 더해 다른 재료와 혼합하여 많이 사용된다.

커스터드 크림	전분질 원료에 물, 설탕, 유지, 달걀 등을 넣어 가열, 호화시켜 만든 크림
버터 크림	버터, 액당(물엿 등)을 기본재료로 하여 난백, 난황, 물엿, 향료 등을 섞어 만든 크림
요거트 생크림	생크림, 플레인 요구르트, 요구르트 페이스트를 각각 1:1:1로 혼합하여 만든 크림

❷ 앙금류

앙금은 전분 함량이 많은 팥이나 완두콩을 삶아 물리적 방법으로 분리한 세포 세분을 말하며 여기에 설탕과 같은 당류를 첨가해 단맛을 내는 조림앙금을 주로 사용한다.

❸ 잼류

빵류 충전물로 가장 많이 사용되는 잼은 과일이나 채소를 당류 등과 함께 젤리화 또는 시럽화한 저장성이 높은 가공식품이다. 잼은 높은 당 농도에 의해 생기는 삼투압이 미생물의 생육을 막아 저장성이 좋다.

❹ 버터류

샌드위치 등을 만들 때 버터는 매우 중요한 역할을 한다. 버터는 빵에 기름막을 형성하여 수분 흡수를 막고 접착제 역할을 하기도 한다.

가염 버터	버터 제조 시 소금을 첨가한 버터로 주로 빵에 스프레드로 사용함
무염 버터	버터 제조 시 소금을 첨가하지 않은 버터로 빵을 만들 때 사용함
발효 버터	크림을 젖산 발효시켜 만든 버터로 특유의 풍미와 신맛, 감칠맛을 가지고 있음

03 반죽 발효 관리

1 1차 발효

반죽이 완료된 후 정형과정에 들어가기 전까지 발효시키는 단계를 말하며 일반적으로 1차 발효는 온도 27℃, 상대습도 75~80%, 1~3시간 진행한다.

❶ 발효의 목적

반죽의 팽창작용	발효 중 발효성 탄수화물이 이스트에 의해 탄산가스와 알코올로 전환되며, 이 중 탄산가스가 반죽을 팽창시킴
반죽의 숙성작용	이스트의 효소가 작용하여 반죽을 유연하게 만듦(소화흡수율 향상)
빵 풍미 생성	이스트와 일부 박테리아에 의해 알코올, 유기산, 에스테르, 알데히드 등을 축적하여 빵의 특유의 향을 생성

❷ 발효에 영향을 주는 요소

① **이스트의 양과 질** : 이스트의 양이 많아지면 가스 발생력이 많아지고 발효시간은 짧아진다.
② **반죽 온도** : 반죽 온도가 높을수록 가스 발생력은 커지고 발효시간은 짧아진다.
③ **반죽의 산도** : pH 4.5~5.5일 때 가스 발생력이 커지나 pH 4 이하, pH 6 이상이면 오히려 가스 발생력이 약해진다.
④ **삼투압** : 설탕은 약 5% 이상, 소금은 1% 이상일 때 삼투압으로 인하여 이스트의 활성이 저해된다. 모든 발효성 탄수화물은 3~5%까지는 가스 발생력을 높여준다.

TIP 가스 발생력

주어진 시간에 이산화탄소를 생성하는 능력

❸ 발효 중 가스 발생력과 가스 보유력에 영향을 주는 요인

이스트 양	이스트의 양이 많아지면 가스 발생력이 높아져 발효시간이 단축됨	
	변경하고자 하는 이스트 양	$\frac{\text{기존 이스트량} \times \text{기존 발효시간}}{\text{변경할 발효시간}}$
전분의 변화	맥아나 이스트 푸드에 들어있는 α-아밀라아제가 전분을 분해하여 발효가 촉진되고 노화를 방지하며 풍미와 구운 색을 좋아지게 함	
단백질의 변화	프로테아제 작용으로 생성된 아미노산은 이스트의 영양원으로 사용되며, 당과 마이야르 반응을 일으켜 껍질을 황금갈색으로 나게 하고 빵 특유의 향을 생성	

TIP 프로테아제

이스트와 밀가루에 존재하며 단백질을 분해하여 반죽을 부드럽게 하고 신장성을 증대시킴

❹ 발효 관리

가스 발생력과 가스 보유력이 평행과 균형이 이루어지게 하는 것을 말하며, 빵의 부피와 속결, 조직상태, 껍질색 등 빵의 특성이 좋아진다.

① 제법에 따른 발효 관리 조건의 비교와 장점

관리 항목	스트레이트법	스펀지법
발효시간	1~3시간	3.5~4.5시간
발효실 조건	온도 27~28℃ 상대습도 75~80%	온도 24℃ 상대습도 75~80%
발효 조건이 제품에 미치는 영향	발효시간이 짧아 발효 손실 적음	발효 내구성 강함 부피가 큼 속결이 부드러움 노화 지연

❺ 발효 손실

발효공정을 거친 후 반죽 무게가 줄어드는 현상을 말한다.

① 발효 손실의 원인 : 장시간의 발효로 인해 수분이 증발하고, 탄수화물이 발효에 의해 탄산가스와 알코올로 가수분해 되어 발효 손실이 일어난다.

② 1차 발효 손실량 : 보통 1~2%

③ 발효 손실에 영향을 주는 요인

구분	크다	작다
반죽 온도	높을수록	낮을수록
발효시간	길수록	짧을수록
배합률	소금, 설탕이 적을수록	소금, 설탕이 많을수록
발효실의 온도	높을수록	낮을수록
발효실의 습도	낮을수록	높을수록

2 2차 발효

성형 과정을 거친 반죽은 글루텐이 불안정하고, 탄력성을 잃은 상태가 된다. 2차 발효란 이를 회복하기 위해 온도 32~40℃, 습도 75~90% 전후의 발효실에 넣어 제품의 70~80%까지 부

풀리는 작업을 말한다. 2차 발효 없이 제품을 굽게 되면 부피가 작고 기공이 조밀하여 제품의 비중이 무거우며, 조직이 거칠고 옆면과 윗면에 균열이 생기게 된다.

❶ 2차 발효의 목적

① 성형 공정을 거치면서 가스가 빠진 반죽을 다시 부풀린다.
② 반죽 온도의 상승에 따라 이스트와 효소가 활성화된다.
③ 발효 산물 중 유기산과 알코올이 글루텐의 신장성과 탄력성을 높여 오븐 팽창이 잘 일어나도록 돕는다.
④ 온도와 습도를 조절하여 이스트의 활성을 촉진시킨다.

❷ 2차 발효의 주요 요인

① **발효 온도** : 2차 발효에서 사용되는 온도는 32~40℃ 정도이다.

발효 온도	증상
저온일 때	• 2차 발효시간이 길어짐 • 제품의 겉면이 거칠어짐 • 기공벽이 두껍고 조직이 조밀해짐 • 풍미의 생성이 충분해지지 않음
고온일 때	• 발효속도가 빨라지고 산성이 되어 세균 번식이 쉬워짐 • 속과 껍질이 분리되고 속결이 고르지 못하게 됨

② **상대습도** : 제품에 따라 70~80%를 유지한다.

습도	증상
낮을 때	• 부피가 크지 않고 광택이 부족함 • 빵의 윗면이 터지거나 갈라짐 • 껍질 형성이 빠르게 일어나고 껍질색이 고르지 않음
높을 때	• 껍질이 거칠고 질겨짐 • 껍질에 반점이나 줄무늬, 수포가 나타남 • 빵의 윗면이 납작해짐

③ **발효시간** : 발효시간이 짧아질수록 기공이 더 조밀해 진다.

발효시간	증상
부족할 때 (어린반죽)	• 발효되지 못하고 남아있는 잔류당에 의해 껍질색이 진해짐 • 글루텐의 신장성 부족으로 부피가 축소됨 • 표면이 갈라지고 옆면이 터짐
지나칠 때 (지친반죽)	• 부피가 너무 커 주저 앉을 수 있음 • 껍질색이 여리고 내상이 좋지 않음 • 과다한 산의 생성으로 신 냄새가 나고 노화가 빠름

04 분할하기

1차 발효가 끝난 반죽을 적당한 무게로 자르는 단계를 말하며, 분할하는 과정에도 발효가 진행되므로 일반적으로 15~20분 이내에 분할을 완료해야 한다.

1 반죽 분할

❶ 기계 분할

① 기계식 분할기로 반죽을 분할하는 것으로 부피를 기준으로 분할한다.
② 분당 회전수는 12~16회 정도가 적당하며 너무 느리면 기계 압축에 의해 글루텐이 파괴된다.
③ 식빵류는 15~20분, 과자빵류는 30분 이내에 분할한다.
④ 반죽이 분할기에 달라붙지 않도록 유동파라핀 용액을 이형유로 사용한다.

❷ 손 분할

① 주로 소규모 빵집에 적합하며 작업대 위에서 손으로 분할하는 것이다.
② 기계에 비해 부드럽게 분할 가능하며 반죽의 손상이 적고, 오븐 스프링이 좋아 부피가 양호한 제품을 만들 수 있다.
③ 식빵류를 기준으로 15~20분 이내에 분할한다.

2 분할 시 반죽의 손상을 줄이는 방법

① 단백질 함량이 높고 양질의 것을 사용한다.
② 반죽은 가수량이 최적이거나 약간 된 반죽이 좋다.
③ 스트레이트법보다 스펀지법으로 만든 반죽이 내성이 강해 반죽의 손상이 적다.
④ 반죽의 결과 온도는 비교적 낮은 것이 좋다.

TIP 굽기 및 냉각 손실을 감안한 분할 반죽 무게

$$\text{분할 반죽 무게} = \frac{\text{완제품의 무게}}{1-\text{굽기 및 냉각손실율}}$$

05 둥글리기

분할기에서 나온 반죽을 회복시키는 공정으로 분할한 반죽을 손 또는 전용 기계(라운더 : rounder)를 이용하여 둥글리는 작업이다.

1 둥글리기의 목적

① 분할한 반죽의 글루텐 구조와 방향을 재 정돈시킨다.
② 가스를 균일하게 분산하여 반죽의 기공을 고르게 조절한다.
③ 반죽의 절단면의 점착성을 감소시키고 표피를 형성하여 끈적거림을 제거하고 탄력을 유지한다.
④ 중간발효에서 생성되는 가스를 보유할 수 있는 적당한 구조를 만든다.

2 둥글리기 공정

① 손으로 반죽하는 수동법과 라운더를 이용한 자동법이 있다.
② 힘을 너무 많이 주거나 너무 많이 돌리면 반죽이 터지거나 표피가 찢어질 수 있다.
③ 반죽 표피에 손상이 생기거나 반죽이 라운더에 달라붙으면 팬기름(이형유) 사용량을 증가하거나 덧가루를 사용한다.
④ 덧가루를 과하게 사용할 경우 빵 속에 줄무늬가 생기므로 적당량을 사용한다.

TIP 둥글리기 시 반죽의 끈적거림을 제거하는 방법

- 적당량의 덧가루를 사용
- 최적의 발효상태 유지
- 반죽 시 유화제 사용
- 유동 파라핀 용액을 반죽 무게의 0.1~0.2% 만큼 작업대 또는 라운더에 바르기

06 중간발효

둥글리기한 반죽을 성형 전에 잠시 휴지시키는 단계로 벤치타임(bench time)이라고도 하며, 둥글리기를 마친 생지를 젖은 헝겊이나 비닐로 덮어둔다.

1 중간발효의 목적

① 반죽의 신장성을 증가시켜 정형 과정에서의 밀어펴기를 쉽게 한다.
② 가스 발생으로 반죽의 유연성을 회복시킨다.

③ 분할과 둥글리기 공정에서 손상된 글루텐 구조를 재정돈한다.
④ 반죽표면에 얇은 막을 만들어 성형할 때 끈적거리지 않게 한다.

2 중간발효의 조건

① 온도는 27~29℃, 상대습도는 75% 전후의 조건에서 10~20분간 발효시킨다.
② 중간발효시간이 너무 길면 성형 시 과발효가 일어날 수 있으며 너무 짧으면 성형하기가 어렵다.

TIP

대규모 공장에서는 중간 발효를 위해 오버헤드 프루퍼(overhead proofer)를 사용한다.

07 성형(정형)

중간발효가 끝난 생지를 밀대를 이용해 가스를 고르게 뺀 후 제품의 특성에 따라 모양을 만드는 공정으로 작업실 온도는 27~29℃, 상대습도는 75% 내외가 적절하다.

1 성형 순서

① 좁은 의미의 성형공정(molding)

가스 빼기(밀기) → 말기 → 봉하기

② 넓은 의미의 성형공정(make up)

분할 → 둥글리기 → 중간발효 → 성형 → 팬닝

2 성형 공정

가스 빼기(밀기)	밀대 또는 롤러를 이용하여 밀어 큰 가스를 빼고 반죽 내 가스를 고르게 분산시켜 제품 내부의 기공을 균일하게 함
말기	가스 빼기를 한 반죽을 고르고 균형있게 말기 또는 접기
봉하기	말기를 한 반죽의 이음새를 터지지 않도록 단단하게 봉함

08 팬닝

정형이 완료된 반죽을 원하는 모양의 틀이나 철판 위에 올려놓는 공정이다.

1 팬닝 시 주의사항

① 반죽의 무게와 상태를 정하여 비용적에 맞추어 적당한 반죽량을 넣는다.
② 반죽의 이음매가 바닥에 놓이도록 해야 한다.
③ 팬의 온도는 32℃가 적당하다.
④ 팬기름을 많이 바르면 빵의 껍질이 튀겨지므로 적당량을 바른다.

2 팬 굽기의 목적

① 열의 흡수를 좋게 하여 전도율을 높인다.
② 팬의 유분이 제거되어 구움색을 좋게 한다.
③ 녹이 스는 것을 막아 팬의 수명을 길게 한다.
④ 팬에서 제품의 분리가 쉽게 한다.

3 팬기름(이형유) 사용 목적

① 반죽을 구울 때 굽기 후 제품이 팬에서 달라붙지 않고 잘 떨어지게 하기 위함이다.
② 종류로는 유동파라핀, 정제라드(쇼트닝), 면실유, 대두유, 혼합유 등이 있다.

TIP 팬기름(이형유)이 갖추어야 할 조건

- 산패에 강한 것이 좋다.
- 반죽 무게의 0.1~0.2%를 사용한다.
- 발연점이 210℃ 이상이 되는 기름을 사용한다.
- 무색, 무취, 무미여야 한다.
- 기름이 과다하면 완성된 빵의 밑부분의 색이 진하고 두꺼운 껍질을 형성한다.

4 반죽을 넣는 방법

직접 팬닝	식빵 반죽과 같은 한 덩어리의 반죽을 그대로 팬에 넣음
교차 팬닝	풀먼 식빵과 같이 뚜껑을 덮어 굽는 반죽은 U자, N자, M자형으로 넣음
트위스트 팬닝	페이스트리 식빵과 같이 반죽을 2~3개 꼬아 틀에 넣음
스파이럴 팬닝	스파이럴 몰더와 연결되어 성형을 마친 반죽이 자동으로 팬에 들어감

09 반죽 익히기

1 굽기

반죽에 열을 가하여 소화하기 쉽고 풍미를 가지는 완제품을 만드는 최종 공정으로 과자빵과 식빵의 일반적인 오븐 사용 온도는 180~220℃이다.

❶ 굽기 목적

① 전분을 호화(α −화)시켜 소화가 잘 되는 빵을 만든다.
② 발효에 의해 발생한 탄산가스를 열팽창 시켜 부피를 형성한다.
③ 껍질에 구운 색을 내고 맛과 풍미를 좋게 한다.

TIP 온도 · 시간에 따른 굽기

고온 단시간 (언더 베이킹)	• 수분이 빠지지 않아 껍질이 쭈글쭈글해짐 • 속이 익지 않아 주저앉기 쉬움 • 반죽량이 적거나 저율배합, 발효가 과한 제품에 적함
저온 장시간 (오버 베이킹)	• 반죽량이 많거나 고율배합, 발효 부족 제품에 적합 • 수분 손실이 커 노화가 빨리 진행됨 • 윗면이 평평하고 제품이 부드러움

❷ 굽기 중 반죽의 변화

1단계	반죽의 수분에 녹아 있던 탄산가스가 열을 받아 팽창하여 반죽 전체로 퍼져 반죽의 부피가 커지는 단계
2단계	수분 증발과 함께 캐러멜화와 갈변 반응이 일어나며 껍질색이 나기 시작하는 단계
3단계	반죽의 중심까지 열이 전달되어 전분의 호화와 단백질의 응고가 끝나고 제품의 옆면이 단단해지고 껍질색이 진해지는 단계

2 튀기기

기름을 열 전도의 매개체로 사용하여 반죽을 익혀주고 색을 내는 것을 의미한다,

❶ 튀김기름

① 튀김기름의 표준온도는 180~195℃이다.
② 도넛튀김용 유지는 발연점이 높은 면실유가 적당하다.
③ 튀김기름이 너무 낮으면 너무 많이 부풀어 껍질이 거칠고 다량의 기름이 흡수된다.

④ 튀김기에 넣는 기름의 적정 깊이는 12~15cm 정도이다.
⑤ 유지를 고온으로 계속 가열하면 유리지방산이 많아져 발연점이 낮아진다.

❷ 튀김기름의 4대 적

온도(열), 수분(물), 공기(산소), 이물질

❸ 튀김기름이 갖춰야 할 요건

① 부드러운 맛과 엷은 색을 띤다.
② 발연점(가열 시 푸른 연기가 나는 현상)이 높아야 한다.
③ 제품이 냉각되는 동안 충분히 응결되어야 한다.
④ 불쾌한 맛과 냄새가 나지 않아야 하며 열을 잘 전달해야 한다.

TIP 튀기기 시 흡유율에 미치는 요인

- 반죽 온도 : 온도가 높을수록 흡유율이 증가함
- 반죽 상태 : 미숙한 반죽일수록 흡유율이 증가함
- 기름 상태 : 오래된 기름일수록 쉽게 흡수됨
- 기름 온도 : 적정온도보다 낮으면 흡유율이 증가함
- 유지 함량 : 반죽에 유지의 양이 많을수록 흡수가 빠름
- 배합 상태 : 고배합 제품일수록 흡유율이 증가함
- 유화 상태 : 유화제가 많이 첨가될수록 흡유율이 증가함

❹ 튀김용 유지의 보관

① 직사광선을 피하고 냉암소에 보관한다.
② 사용한 튀김 유지는 거름망에 여과하여 보관한다.
③ 유지는 산소와 습도, 온도에 매우 민감하기 때문에 반드시 밀폐하여 보관한다.

3 찌기

① 수증기의 열이 대류현상으로 전달되는 현상을 이용하여 조리하는 방법을 말한다.
② 물이 수증기로 될 때 537cal/g의 기화 잠열을 갖는데 이 수증기가 식품에 닿으면 액화되어 열을 방출하여 식품이 가열된다.
③ 식품 자체가 가지고 있는 맛이 보존된다는 이점이 있는 반면 가열 도중 조미가 어려운 단점이 있다.
④ 찔 때 물의 양은 물을 넣는 부분의 70~80% 정도가 적당하다.
⑤ 찌기의 적당한 제품에는 찜 케이크, 찐빵, 만쥬, 만두, 푸딩, 치즈 케이크 등이 있다.

TIP

물이 끓기 전 제품을 넣으면 제품 표면에 수증기 응축이 일어나 제품의 수분을 흡수하므로 질감이 좋지 않은 완제품이 된다.

4 굽기 반응

❶ 오븐 스프링(오븐 팽창)

① 오븐 스프링은 가스압과 수증기압의 증가, 알코올과 탄산가스의 증발로 인하여 일어난다.
② 탄산가스와 용해 알코올이 기화하면서 가스압이 증가하여 오븐 스프링이 일어난다.
③ 알코올은 79℃부터 증발하여 특유의 향이 발생한다.

❷ 오븐 라이즈(oven rise)

① 반죽의 내부 온도가 60℃에 이르지 않는 상태에서 발생한다.
② 사멸 전까지 이스트가 활동하며 가스를 생성시켜 부피를 조금씩 키우는 과정이다.

❸ 전분의 호화

① 오븐 열에 의하여 빵 속 온도가 54℃를 넘으면 전분의 호화가 시작된다.
② 전분 입자는 팽윤과 호화의 변화를 일으켜 구조 형성을 하며 전분입자는 70℃ 전·후에 이르면 유동성이 급격히 떨어지며 호화가 완료된다.
③ 껍질은 열에 오래 노출되어 수분 증발이 일어나 빵 속 보다 딱딱한 구조를 갖는다.

❹ 글루텐의 응고

① 단백질이 변성되기 시작하면 단백질의 물이 전분으로 이동하여 전분의 호화를 돕는다.
② 단백질은 호화된 전분과 빵의 구조를 이룬다.

❺ 효소 활성의 변화

① 전분이 호화되기 시작하면서 효소의 활성이 활발해 진다.
② 아밀라아제는 전분을 분해하여 부드러운 반죽을 만들고 팽창을 돕는다.

❻ 갈색화 반응

빵 외부의 온도가 150℃를 넘으면 당과 아미노산이 멜라노이드를 만드는 마이야르 반응과 당의 캐러멜화 반응이 일어나 껍질색이 갈색으로 변한다.
① **캐러멜화 반응** : 당류를 160~180℃의 고온으로 가열시켰을 때 산화 및 분해산물에 의한 중합·축합으로 갈색 물질을 형성하는 반응
② **마이야르 반응** : 환원당과 아미노화합물의 축합이 이루어질 때 갈색의 중합체인 멜라노이드 색소를 생성하는 반응

❼ 향의 형성

① 향에 관여하는 물질은 알코올류, 산류, 에스테르류, 알데히드류, 케톤류 등이 있다.
② 향은 주로 껍질에서 생성된다.

5 굽기 손실

굽기 손실은 굽기의 공정을 거친 후 빵의 무게가 줄어드는 현상을 말한다. 손실의 원인은 발효 시 생성된 이산화탄소, 알코올 등의 휘발성 물질 증발과 수분 증발을 들 수 있다.

굽기 손실	굽기 전 반죽의 무게 − 빵의 무게
굽기 손실율	$\frac{\text{굽기 전 반죽의 무게} - \text{빵의 무게}}{\text{반죽의 무게}} \times 100$

TIP 제품별 굽기 손실율

- 풀먼식빵 : 7~9%
- 일반 식빵류 : 11~12%
- 단과자빵 : 10~11%
- 하스브레드 : 20~25%

제품 저장관리

01 제품의 냉각 및 포장

1 제품의 냉각방법 및 특징

❶ 냉각 정의

① 오븐에서 굽기를 마친 빵류제품을 공기 중에서 식혀 포장에 적당한 온도로 만드는 단계를 말한다.
② 냉각이 되는 동안 빵 내부의 수분이 바깥쪽으로 이동하여 고른 수분 분포를 가지게 된다.
③ 빵을 적절한 온도로 냉각하지 않을 경우 슬라이스 시 빵이 찌그러지기 쉽다.
④ 적절한 온도로 냉각하지 않은 빵을 포장할 경우, 포장지 내에 수분이 응축하여 곰팡이가 발생한다.

TIP

- 빵 속 적정 냉각 온도 : 35~40℃
- 빵 속 적정 수분 함량 : 38%
- 냉각실의 적정 온도 : 20~25℃
- 냉각실의 적정 습도 : 75~80%

❷ 냉각 목적

① 제품의 절단과 저장성, 포장을 용이하게 한다.
② 곰팡이, 세균 등의 오염을 막는다.

❸ 냉각 방법

자연 냉각	실온에서 3~4시간 냉각하며 수분 손실이 가장 적음
터널식 냉각	공기 배출기를 이용한 냉각으로 2~2.5시간이 걸림
공기조절식 냉각	온도 20~25℃, 습도 85%의 공기에 통과시켜 90분간 냉각

❹ 냉각 손실의 발생 원인

① 냉각하는 동안 수분 증발로 인해 무게가 감소한다.
② 여름철보다 겨울철에 냉각 손실이 크다.
③ 굽기 후 평균 2%의 냉각 손실이 발생한다.

2 포장재별 특성

제품의 유통과정에서 제품의 가치를 증진시키고 상품으로서의 상태를 보호하기 위한 것을 말한다.

❶ 빵의 포장

① 빵을 포장하기 위해서는 적절한 온도로 냉각 후 포장해야 하며 포장실의 상대습도는 80~85%를 유지하는 것이 좋다.
② 높은 온도에서 포장 시 포장지에 수분이 응축되어 곰팡이가 발생하기 쉽고 빵의 모양이 찌그러지기 쉽다.
③ 낮은 온도에서 포장 시 빵의 껍질이 건조해져서 노화가 가속된다.

TIP

• 포장에 적합한 온도 : 35~40℃
• 포장에 적합한 수분 함량 : 38%

❷ 포장 용기의 선택 시 고려사항

① 방수성이 있고 통기성이 없어야 한다.
② 포장재의 가소제나 안정제 등의 유해물질이 용출되어서는 안 된다.
③ 포장 시 제품의 가치를 높일 수 있어야 한다.
④ 단가가 낮고 포장에 의해 제품이 변형되지 않아야 한다.
⑤ 세균, 곰팡이가 발생하는 오염포장이 되어서는 안 된다.
⑥ 공기의 자외선 투과율, 내약품성, 내산성, 내열성, 투명성, 신축성 등을 고려한다.

❸ 포장 시 유의사항

① 포장 시 일반적인 과자의 냉각온도는 35~40℃가 적합하다.
② 냉각이 충분하지 못하면 제품의 흡습으로 인해 변패되기 쉽다.

3 불량제품 관리

제품평가란 완성된 제품의 외부와 내부를 평가하여 상품가치를 평가하는 것을 말한다.

❶ 제품평가의 기준

외부평가	내부평가	식감평가
터짐성, 외형의 균형, 부피, 굽기의 균일화, 껍질색, 껍질 형성	조직, 기공, 속결, 속색	냄새, 맛

❷ 발효 차이와 제품의 특성

항목		어린발효반죽(어린반죽)	과발효반죽(지친반죽)
외부 특징	부피	작다	크다
	껍질색	진하다	엷다
	외형의 균형	모서리가 뾰족하다	모서리가 둥글다
	껍질 특성	거칠고 질기다	두껍고 부서지기 쉽다
	구운 상태	옆면과 바닥색이 진하다	옆면과 바닥색이 엷다
내부 특징	기공	거칠고 두꺼운 세포벽	거칠고 얇은 세포벽
	속색	어둡다	여리다
	향	밀가루 냄새가 난다	신냄새가 난다
	맛	발효가 덜 된 맛이 난다	신맛이 강하다

❸ 제품의 결함과 원인

부피가 작음	• 이스트 사용량 부족 • 소금, 설탕, 쇼트닝, 분유 사용량 과다 • 알칼리성 물 사용 • 2차 발효 부족 • 믹싱 부족 • 지나친 발효 • 미성숙, 약한 밀가루 사용	빵 속의 줄무늬 발생	• 덧가루 과다 사용 • 중간발효 시 반죽 건조 • 개량제 사용 과다 • 재료의 혼합 부족 • 된 반죽 • 과다한 기름 사용
껍질에 수포 발생	• 진 반죽 • 발효 부족 • 2차 발효실 습도 높음 • 오븐의 윗불 온도 높음	바닥이 움푹 들어간 현상	• 진 반죽 • 철판의 과도한 이형유 사용 • 2차 발효실 습도 높음 • 낮은 오븐 온도

껍질에 반점 발생	• 분유가 녹지 않음 • 덧가루 과다 사용 • 설탕 용출	빵 속 색깔이 어두움	• 지나친 2차 발효 • 낮은 오븐 온도 • 반죽의 신장성 부족

02 제품의 저장 및 유통

1 저장방법의 종류 및 특징

❶ 저장의 의의

식재료의 사용량과 일시가 결정되어 구매를 통해 구입한 식재료를 철저한 검수 과정을 거치며 출고할 때까지 손실 없이 합리적인 방법으로 보관하는 과정을 말한다.

❷ 저장의 목적

① 폐기에 의한 재료 손실을 최소화함으로써 원재료의 적정 재고를 유지한다.
② 재료를 위생적이며 안전하게 보관함으로써 손실을 방지하기 위한 올바른 출고 관리에 있다.
③ 재료 낭비로 인한 원가 상승을 막으며 정확한 출고량을 파악, 관리한다.

❸ 실온 저장

① 건조 창고의 온도는 10~20℃, 상대습도는 50~60%를 유지하며 채광과 통풍이 잘되어야 한다.
② 건조 창고의 내부에 온도계와 습도계를 부착하고 주기적으로 확인한다.
③ 선입선출이 용이하도록 먼저 입고된 것을 앞쪽에, 나중에 입고된 것을 뒤쪽에 위치하도록 보관한다.
④ 선반은 4~5단으로 폭 60cm 이내 바닥에서 15cm 이상, 벽에서 5cm의 공간을 띄우도록 한다.
⑤ 건조 재료는 포장상태로 저장하는 것이 좋으며 개봉 후에는 밀폐 용기에 담에 오염을 방지한다.

❹ 냉장 저장

① 냉장 저장 온도는 0~10℃로 보통 5℃ 이하로 유지하는 것이 좋으며 습도는 75~95%에서 저장한다.
② 냉장고 용량의 70% 이하로 식품을 저장한다.
③ 냄새를 잘 흡수하는 우유와 달걀 등의 재료는 냄새가 심한 재료와 함께 저장하지 않는다.
④ 식품 보관 시 뜨거운 상태로 보관하게 되면 내부 온도가 상승하여 다른 식품을 부패시킬 수 있으므로 반드시 식힌 다음 저장한다.

❺ 냉동 저장

① 냉동 저장 온도는 −23~−18℃, 습도는 75~95%에서 저장한다.
② 냉동식품은 검수 후 즉시 냉동 보관하며 냉동고의 문은 신속하고 최소한으로 열고 닫는다.
③ 냉동식품을 해동했다가 다시 냉동시키는 것은 매우 위험하므로 소포장하여 보관한다.
④ 정기적으로 성에를 제거하고 청소, 정리, 정돈한다.

❻ 노화에 영향을 주는 조건들

저장시간	• 오븐에서 꺼낸 직후부터 노화 시작 • 신선할수록 노화가 빠르게 진행
저장온도	• 노화 정지 온도 : −18℃(냉동온도), 21~35℃ • 노화 최적 온도 : −6.6~10℃(냉장온도) • 미생물에 의해 변질이 일어날 수 있는 온도 : 43℃
배합률	• 계면활성제(유화제), 펜토산, 단백질, 물, 유지, 설탕(당류)는 노화를 지연시킴 • 아밀로오스의 함량보다 아밀로펙틴의 함량이 많아야 노화가 지연됨

2 제품의 유통 · 보관방법

❶ 유통기한의 의의

유통기한이란 섭취가 가능한 날짜(expiration date)가 아닌 식품의 제조일로부터 소비자에게 판매가 가능한 기한을 말한다. 이 기한 내에서 적절하게 보관, 관리한 식품은 일정한 수준의 품질과 안전성이 보장됨을 의미하는 것이다.

❷ 유통기한에 영향을 미치는 요인

내부적 요인	원재료, 제품의 배합 및 조성, 수분 함량 및 수분 활성도, pH 및 산도
외부적 요인	제조 공정, 위생 수준, 포장 재질 및 포장 방법, 저장 및 유통

❸ 제품 유통하기

① 제품 유통 시 유통기한 설정 및 표시를 한다.
- 제품의 특성에 따라 소비자에게 판매가 가능한 최대 기간을 정한다.
- 식품의 용기, 포장에 지워지지 않는 잉크, 각인, 소인 등으로 잘 보이도록 한다.
- 냉동 또는 냉장 보관하여 유통하는 제품은 '냉동 보관', '냉장 보관'을 표시하고, 제품이 품질 유지에 필요한 냉동 또는 냉장 온도를 함께 표시한다.

② 포장 기준에 따라 파손 및 오염이 되지 않도록 유의하여 포장한다.

- 포장 용기의 위생에 유의하여 포장지를 선택한다.
- 포장 제품에 의해 제품의 고유성이 변화되지 않도록 주의한다.

③ 제품 유통 중 온도 관리 기준에 따라 적정 온도를 설정한다.

3 제품의 저장·유통 중의 변질 및 오염원 관리방법

빵류제품의 완제품을 유통 시 제품의 상품 가치를 높이고 유지시키는 데 있어 가장 중요한 사항은 빵의 변질을 억제하는 것이다.

❶ 빵류제품 변질

빵류제품의 변질은 온도에 의한 물리적 작용과 산소, 금속, 광선에 의한 화학적 작용과 효소에 의한 생화학적 작용, 위생 동물과 미생물에 의한 생물학적 작용 등에 의해 빵류제품의 성질이 변하여 원래의 특성을 잃게 되는 것으로 형태나 맛, 냄새, 색 등이 달라진다.

❷ 변질의 종류와 정의

구분	정의
부패	빵류제품을 구성하는 단백질에 혐기성 세균이 증식한 생물학적 요인에 의해 분해되어 악취와 유해물질 등을 생성하는 현상
변패	빵류제품을 구성하는 탄수화물과 지방에 생물학적 요인인 미생물의 분해작용으로 냄새와 맛이 변화하는 현상
발효	빵류제품을 구성하는 탄수화물에 생물학적 요인인 미생물이 번식하여 빵류제품의 성질이 인체에 유익하도록 변화를 일으키는 현상
산패	빵류제품을 구성하는 지방의 산화 등에 의하여 악취나 변색이 일어나는 현상

TIP 노화, 부패, 산패의 차이

- 노화 : 수분이 이동·발산하여 껍질이 눅눅해지고 빵 속이 푸석해진다.
- 부패 : 미생물이 침입으로 단백질 성분이 파괴되어 악취가 발생한다.
- 산패 : 지방이 산화되어 악취가 발생한다.

제4편

위생안전관리

01 식품위생 관련 법규 및 규정

1 식품위생법 관련 법규

❶ 식품위생의 정의

W.H.O(세계보건기구)는 '식품위생이란 식품의 재배, 생산, 제조로부터 최종적으로 사람에게 섭취되기까지의 모든 단계에 걸친 식품의 안전성, 건전성 및 완전 무결성을 확보하기 위한 모든 필요한 수단'이라고 표현했다.

❷ 우리나라의 식품위생법

① **식품** : 모든 음식물(의약으로 섭취하는 것은 제외)

② **식품첨가물** : 식품을 제조·가공·조리 또는 보존하는 과정에서 감미(甘味), 착색(着色), 표백(漂白) 또는 산화방지 등을 목적으로 식품에 사용되는 물질(기구(器具)·용기·포장을 살균·소독하는 데에 사용되어 간접적으로 식품으로 옮아갈 수 있는 물질 포함)

③ **화학적 합성품** : 화학적 수단으로 원소(元素) 또는 화합물에 분해 반응 외의 화학 반응을 일으켜서 얻은 물질

④ **용기·포장** : 식품 또는 식품첨가물을 넣거나 싸는 것으로서 식품 또는 식품첨가물을 주고받을 때 함께 건네는 물품

⑤ **위해** : 식품, 식품첨가물, 기구 또는 용기·포장에 존재하는 위험요소로서 인체의 건강을 해치거나 해칠 우려가 있는 것

⑥ **영업** : 식품 또는 식품첨가물을 채취·제조·가공·조리·저장·소분·운반 또는 판매하거나 기구 또는 용기·포장을 제조·운반·판매하는 업(농업과 수산업에 속하는 식품 채취업 제외)

⑦ **식품위생** : 식품, 식품첨가물, 기구 또는 용기·포장을 대상으로 하는 음식에 관한 위생

❸ 식품위생의 대상

식품이란 모든 음식물을 말하나 의약으로 섭취하는 것은 예외로 한다.

TIP 식품위생의 대상범위

식품, 식품첨가물, 기구, 용기, 포장

❹ 식품위생의 목적

① 식품으로 인한 위생상의 위해 사고를 방지한다.

② 식품 영양의 질적 향상을 도모한다.

③ 식품에 관한 올바른 정보를 제공한다.

④ 국민 건강의 보호·증진에 이바지한다.

❺ 영업의 종류

① 식품제조·가공업
② 즉석판매제조·가공업
③ 식품첨가물제조업
④ 식품운반업
⑤ 식품소분·판매업
⑥ 식품보존업(식품조사처리업, 식품냉동·냉장업)
⑦ 용기·포장류 제조업
⑧ 식품접객업
⑨ 공유주방 운영업

❻ 식품접객업의 종류

휴게음식점영업	주로 다류(茶類), 아이스크림류 등을 조리·판매하거나 패스트푸드점, 분식점 형태의 영업
일반음식점영업	음식류를 조리·판매하는 영업
단란주점영업	주로 주류를 조리·판매하는 영업
유흥주점영업	주로 주류를 조리·판매하는 영업으로서 유흥종사자를 두거나 유흥시설을 설치할 수 있는 영업
위탁급식영업	집단급식소에서 음식류를 조리하여 제공하는 영업
제과점영업	주로 빵, 떡, 과자 등을 제조·판매하는 영업

❼ 허가를 받아야 하는 영업

영업	허가관청
식품조사처리업	식품의약품안전처장
단란주점영업	특별자치시장· 특별자치도지사 또는 시장·군수·구청장
유흥주점영업	

2 HACCP(해썹) 등의 개념 및 의의

❶ 식품안전관리인증기준(HACCP, 해썹)

위해요소분석(Hazard Analysis)과 중요관리점(Critical Control Point)의 영문 약자로서 식품의 원료관리, 제조, 가공, 조리 및 유통의 모든 과정에서 위해한 물질이 식품에 혼입되거나 식품이 오염되는 것을 방지하기 위하여 각 공정을 중점적으로 관리하는 기준이다.

❷ 고시

식품의약품안전처장은 식품안전관리인증기준을 식품별로 정하여 고시할 수 있다.

❸ HACCP(해썹) 적용 절차

① **HACCP 7원칙 :** HACCP 관리계획을 수립하기 위해 단계별로 적용되는 주요원칙을 말한다.
② **HACCP 12원칙 :** 준비단계 5절차와 HACCP 7원칙을 포함한 총 12단계로 구성된다.

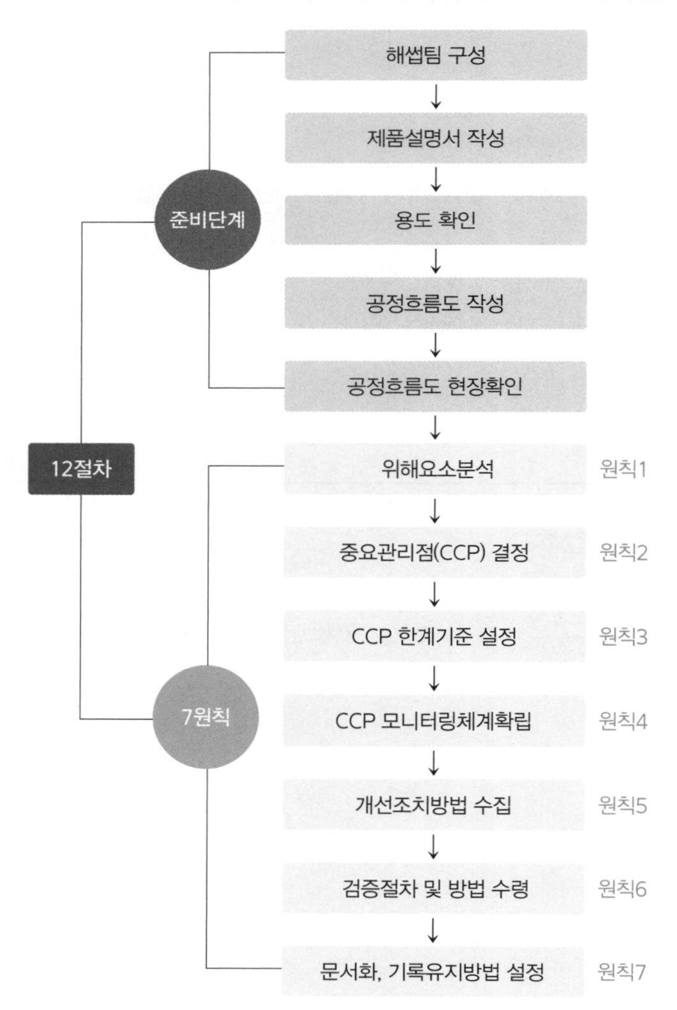

3 공정별 위해요소 파악 및 예방

❶ 생물학적, 화학적, 물리적 위해요소 도출하기

빵류제품을 생산하는 업체의 빵에서 발생할 수 있는 위해요소를 분석해 보면 다음과 같다.

생물학적 위해요소	황색포도상구균, 살모넬라, 병원성대장균 등 식중독균
화학적 위해요소	중금속, 잔류농약 등
물리적 위해요소	금속조각, 비닐, 노끈 등 이물

❷ 위해요소를 효율적으로 관리하기 위한 방법

생물학적 위해요소	중독균은 가열(굽기/유탕)공정을 통해 제어
화학적 위해요소	원료 입고 시험성적서 확인 등을 통해 적합성 여부를 판단하고 관리
물리적 위해요소	제조 공정에서 혼입될 수 있는 금속파편, 나사, 너트 등의 금속성 이물은 금속검출기를 통과시켜 제거하고, 기타 비닐, 노끈 등 연질성 이물은 육안 등으로 선별

4 식품첨가물

식품을 제조, 가공 또는 보존함에 있어 식품에 첨가, 혼합, 침윤, 기타 방법으로 사용되는 물질을 말한다. 식품첨가물의 규격과 사용기준은 식품의약품안전처장이 정한다.

❶ 식품첨가물의 종류 및 용도

방부제 (보존료)	• 미생물의 번식으로 인한 부패나 변질을 방지하기 위해 사용 • 디하이드로초산(치즈, 버터, 마가린), 프로피온산칼슘(빵류), 프로피온산나트륨(빵, 과자류), 안식향산(간장, 청량음료), 소르브산(팥앙금류, 잼, 케첩, 식육가공물)
살균제	• 미생물을 단시간 내 사멸하기 위해 사용 • 표백분, 차아염소산나트륨
산화방지제 (항산화제)	• 유지의 산패에 의한 식품의 변색을 방지하기 위해 사용 • BHT(Dibutyl Hydroxy Toluene), BHA(Butylated Hydroxy Anisole), 비타민 E(토코페롤), 프로필갈레이트(PG), 에르소르빈산, 세사몰
밀가루 개량제	• 밀가루의 표백과 숙성 시간을 단축시키고 품질을 개량하는 데 사용 • 과황산암모늄, 브롬산칼륨, 과산화벤조일, 이산화염소, 염소
유화제 (계면활성제)	• 물과 기름같이 서로 혼합되지 않는 두 종류의 액체를 혼합할 때 분리되지 않고 분산시키는 기능을 가진 물질 • 대두 인지질, 글리세린, 레시틴, 모노-디-글리세리드, 폴리소르베이트 20, 자당지방산에스테르, 글리세린지방산에스테르

호료 (증점제)	• 식품의 점착성 증가, 유화 안정성, 형체 보존에 도움을 주는 물질 • 카세인, 메틸셀룰로오스, 알긴산나트륨
이형제	• 빵류제품 반죽을 분할기에서 분할할 때 반죽이 기계에 달라붙지 않게 하기 위해 사용 • 유동파라핀 오일
피막제	• 수분의 증발을 방지하기 위해 사용 • 몰포린지방산염, 초산 비닐수지
품질개량제	• 변질, 변색을 방지하는 효과를 주는 첨가물 • 피로인산나트륨, 폴리인산나트륨
감미료	• 식품을 조리, 가공할 때 단맛을 내기 위해 사용 • 사카린나트륨, 아스파탐
산미료	• 식품에 적합한 산미를 더하고 미각에 청량감과 상쾌한 자극을 주기 위해 사용 • 구연산, 젖산(유산), 사과산, 주석산
표백제	• 색소 퇴색 및 착색으로 인한 품질저하를 막기 위해 사용 • 과산화수소, 무수아황산, 아황산나트륨
착색료	• 식품을 인공적으로 착색시켜 식품의 천연색을 보완·미화시키기 위해 사용 • 캐러멜, β-카로틴
착향료	• 누린내 또는 비린내를 제거하거나 특유한 향으로 식욕을 증진시킬 목적으로 사용 • C-멘톨, 계피알데히드, 벤질알코올, 바닐린
팽창제	• 빵, 과자 등을 부풀려 모양을 갖추게 하는 목적으로 사용 • 효모(이스트), 명반, 소명반, 탄산수소나트륨(중조, 소다), 염화암모늄, 탄산수소암모늄, 탄산마그네슘, 베이킹파우더
소포제	• 제조 공정 중 생긴 거품을 없애기 위해 첨가 • 규소수지(실리콘수지)
영양강화제	• 영양소를 강화할 목적으로 사용 • 비타민류, 무기염류, 아미노산류

❷ 식품첨가물의 사용 목적

① 식품의 외관을 만족시키고 기호성을 높이기 위해
② 식품의 변질, 변패를 방지하기 위해
③ 식품의 품질을 개량하여 저장성을 높이기 위해
④ 식품의 향과 풍미를 개선하고 영양을 강화하기 위해

❸ 식품첨가물의 조건

① 미량으로 효과가 클 것
② 독성이 없거나 극히 적을 것
③ 사용하기 간편하고 경제적일 것
④ 무미, 무취이고 자극성이 없을 것

⑤ 변질미생물에 대한 증식 억제 효과가 클 것
⑥ 공기, 빛, 열에 안전성이 있을 것
⑦ pH에 영향을 받지 않을 것

02 개인위생관리

1 개인위생관리

개인위생관리와 청결한 몸 관리는 식품취급자로 하여금 소비자에게 안전한 식품을 공급할 수 있는 척도가 되며 식중독 예방에 있어서도 매우 중요하다.

❶ 개인의 위생 및 건강관리

① 제빵 종사자의 건강진단은 1년에 1회 실시하고 보건증을 보관하며 보건증 미 발급자는 취업시키지 않도록 한다.
② 손은 모든 표면과 직접 접촉하는 부위이기 때문에 손 씻기는 각종 세균과 바이러스가 전파되는 경로를 차단하는 중요한 과정이다.

TIP 손 씻는 순서

따뜻한 물로 손을 적신다. → 손에 비누칠을 한다. → 양손을 30초간 문지른다. → 깨끗한 손톱 솔을 사용하여 손톱을 세척한다. → 43℃의 온수로 깨끗하게 헹군다. → 1회용 종이 타월이나 자동 건조기 등으로 손을 건조시킨다.

❷ 개인의 복장관리

① 깨끗한 위생복, 위생모, 앞치마, 마스크 등을 착용한다.
② 위생복은 항상 청결하게 유지하고 관리하여 유해 물질이 제품에 오염되지 않도록 한다.
③ 위생복을 착용하기 전, 몸에 부착된 시계 및 장신구를 제거한다. 반지는 오물이나 다른 요소의 질병과 오염원으로부터 박테리아를 번식시킬 수 있으며, 또한 설비에 걸리거나 열이 전도되므로 안전상 위험할 수 있음을 제빵사 및 종사자에게 인식시킨다.
④ 소매는 끝까지 잘 내려가 있어 손, 발, 얼굴 일부를 제외한 신체 부위가 노출되지 않도록 한다.
⑤ 머리카락이 외부로 노출되지 않도록 하며 긴머리의 경우, 단정하게 묶어 머리 망을 한 후 모자를 착용한다.
⑥ 눈화장과 립스틱은 진하게 하지 않으며 향이 강한 화장품 및 향수 등은 사용하지 않는다.
⑦ 남자 작업자의 경우, 면도를 깨끗하게 하여 수염이 제품에 유입되지 않도록 한다.
⑧ 작업장 내에서는 맨발에 슬리퍼를 착용하지 않으며 항상 본인의 발에 잘 맞는 작업화를 착용한다.

⑨ 작업화의 경우, 외부용 신발과 구별하여 관리하며 굽이 낮고 미끄럼 방지 처리가 된 것을 착용한다.

❸ 작업 태도 관리

① 작업 중 머리를 긁는 행위, 손가락으로 머리카락을 넘기는 행위, 코를 닦거나 만지는 행위, 귀를 문지르는 행위, 여드름이나 감싸지 않은 염증 부위를 만지는 행위 등을 하지 않는다.
② 더러운 작업복을 입는 행위, 기침을 하거나 재채기를 하는 행위, 작업장에 침을 뱉는 행위 등은 식품오염을 가능하게 하는 행동으로 하지 않는다.
③ 깨끗한 모자 또는 머리 덮개와 깨끗한 작업복을 착용해야 한다.
④ 식품준비 구역을 벗어날 때는 항상 앞치마를 벗어둔다.
⑤ 작업 중 손과 팔에 장식품을 착용하지 않는다.
⑥ 적절하고 깨끗하며 앞부분이 막힌 작업화를 착용한다.

2 식중독의 종류, 특성 및 예방방법

식중독(food poisoning)이란 식품 섭취로 인하여 유해한 미생물 또는 유독 물질에 의하여 발생하였거나 발생한 것으로 판단되는 감염성 질환 또는 독소형 질환으로써 급성 위장염을 주된 증상으로 하는 건강 장해를 말한다.

구분	경구 감염병(소화기계 감염병)	세균성 식중독
필요한 균량	소량의 균이라도 숙주 체내에 증식하여 발생	대량의 생균, 증식 과정에서 생성된 독소에 의해 발생
감염	오염된 물질에 의한 2차 감염 진행	종말 감염, 원인식품에 의해서만 감염 발생
잠복기	일반적으로 김	경구 감염병에 비해 짧음
면역	면역력이 생기는 것이 많음	면역성이 없음

TIP 경구 감염병의 종류

장티푸스, 유행성 간염, 콜레라, 세균성이질, 파라티푸스, 디프테리아, 성홍열, 급성 회백수염

❶ 세균성 식중독

① 감염형 식중독 : 세균이 직접적으로 식중독의 원인이 되는 식중독을 말한다.

살모넬라 (salmonella)균	• 통조림을 제외한 어패류, 육가공류, 육류 등 거의 모든 식품에 의해 감염 • 쥐, 파리, 바퀴에 의해 발생 • 증상 : 24시간 이내 발병하며 급성 위장염 • 예방 : 62~65℃에서 30분간, 70℃에서 3분간 가열에 사멸
장염 비브리오 (vibrio)균	• 여름철 어패류, 해조류에 의해 감염 • 증상 : 12~24시간 이내 발병하며 구토, 상복부의 복통, 발열, 설사 • 예방 : 60℃에서 15분, 100℃에서 수분 내 가열에 사멸
병원성 대장균	• 환자나 보균자의 분변 등에 의해 감염 • 증상 : 설사, 식욕부진, 구토, 복통 등이며 치사율은 거의 없음 • 그람음성균이며 무아포 간균, 대장균 O-157이 대표적 • 분변오염의 지표가 됨 • 예방 : 75℃에서 3분간 가열에 사멸

② 독소형 식중독 : 세균이 분비하는 독소가 식중독의 원인이 되는 식중독을 말한다.

포도상구균	• 크림빵, 김밥, 도시락 등이 주원인 식품이며 봄·가을철에 많이 발생 • 황색포도상구균에 의해 발생하며 조리사의 화농병소와 관련 • 독소 : 엔테로톡신 • 잠복기 : 평균 3시간 • 증상 : 구토, 복통, 설사 • 황색포도상구균은 열에 약하나 엔테로톡신은 내열성이 강해 식중독 예방이 어려움 (100℃에서 30분간 가열해도 파괴되지 않음)
보툴리누스균	• 병조림, 통조림, 소시지, 훈제·훈염품 등의 원재료에서 발아·증식 • 독소 : 뉴로톡신(신경독) • 증상 : 구토 및 설사, 호흡곤란, 신경 마비 등 • 세균성 식중독 중 치사율 가장 높음 • 예방 : 균은 100℃에서 6시간 가열 시 겨우 살균되며, 뉴로톡신은 80℃에서 30분간 가열로 파괴됨
웰치(welchii)균	• 사람의 분변이나 토양에 분포 • 독소 : 엔테로톡신 • 증상 : 심한 설사, 복통 등 • 웰치균은 내열성이 강하며 아포는 100℃에서 4시간 가열 시에도 살아남음

❷ 자연성 식중독

① 식물성 식중독

식품	독성분	식품	독성분
감자	솔라닌	독미나리	시큐톡신
면실유(목화씨)	고시폴	고사리	브렉큰 펀 톡신
청매, 은행, 살구씨	아미그달린	독버섯	무스카린
땅콩	플라톡신	수수	두린

② 동물성 식중독

식품	독성분
복어	테트로도톡신
모시조개, 굴, 바지락	베네루핀
섭조개, 대합	삭시톡신

❸ 화학성 식중독

① 유해첨가물

방부제	붕산, 포름알데히드(포르말린), 우로트로핀, 승홍($HgCl_2$)
인공 착색료	아우라민(황색 합성색소), 로다민 B(핑크색 합성색소)
감미료	사이클라메이트, 둘신, 페릴라르틴, 에틸렌글리콜, 사이클라민산나트륨, 파라니트로올소톨루이딘
표백제	삼염화질소, 롱가리트

② 중금속에 의한 식중독

납(Pb)	• 도료, 안료, 농약 등에서 오염 • 증상 : 적혈구의 혈색소 감소, 체중 감소, 신장장애, 칼슘대사 이상, 호흡장애
수은(Hg)	• 유기 수은에 오염된 해산물 섭취로 발병 • 증상 : 미나마타병으로 구토, 복통, 설사, 위장 장애, 전신 경련 등
카드뮴(Cd)	• 용기나 도구에 도금된 카드뮴 성분에 의해 발병 • 증상 : 이타이이타이병으로 신장장애, 골연화증 등
비소(As)	• 밀가루 등으로 오인하고 섭취하여 발병 • 증상 : 구토, 위통, 경련을 일으키는 급성 중독과 습진성 피부질환

3 감염병의 종류, 특징 및 예방방법

세균, 리케차, 바이러스, 진균, 원충 등의 병원체가 인간이나 동물에 침입하여 증식함으로써 일어나는 질병을 감염병이라 한다.

❶ 감염병 발생의 3대 요소

병원체(감염원)	감염병의 병원체를 내포하고 있어 감수성 숙주에게 병원체를 전파시킬 수 있는 근원이 되는 모든 것
환경(감염경로)	병원체가 감수성 숙주에 도달할 때까지의 경로
인간(감수성 숙주)	감수성이 높으면 면역성이 낮으므로 질병이 발병하기 쉬움

❷ 감염병의 발생 과정

병원체	질병의 직접적인 원인이 되는 미생물 예 세균, 바이러스, 리케차, 스피로헤타, 기생충 등
병원소	병원체가 생존, 증식을 계속하여 인간에게 전파될 수 있는 상태로 저장되는 곳 예 사람, 동물, 토양 등

❸ 감염병의 분류

① 병원체에 따른 분류

세균	장티푸스, 파라티푸스, 콜레라, 세균성이질, 성홍열, 디프테리아 등
바이러스	급성회백수염(소아마비, 폴리오), 유행성간염, 감염성설사증, 홍역 등
리케차	발진티푸스, 발진열 등
원충류	아메바성이질, 말라리아 등

② 침입경로에 따른 분류

호흡기계	결핵, 폐렴, 백일해, 홍역, 수두, 천연두 등
소화기계	세균성이질, 콜레라, 장티푸스, 파라티푸스, 폴리오 등

4 경구 감염병

경구 감염병은 식품, 손, 물, 위생동물, 식기류 등에 의해 세균이 입을 통하여 체내로 침입하는 소화기계 감염병이다. 종류는 콜레라, 장티푸스, 파라티푸스, 세균성이질, 디프테리아, 성홍열, 급성회백수염(소아마비, 폴리오), 유행성감염, 감염성설사증 등이 있다.

❶ 세균성 경구 감염병

장티푸스	특징	우리나라에서 가장 많이 발생하는 급성감염병, 감염 이후에 강한 면역력 생성, 사망률 10~20%
	감염경로	환자, 보균자와의 직접적인 접촉 또는 식품을 매개로 한 간접접촉
	감염원	환자, 보균자의 분변, 소변 등
	잠복기	7~14일
장티푸스	증상	두통, 40℃ 전후의 고열, 오한, 백혈구 감소 등을 일으키는 급성 전신성 열성질환
세균성이질	특징	파리(중요한 매개체)
	감염경로	이질균을 배출하는 설사 환자가 식품이나 음료수를 오염시켜 경구 감염
	감염원	환자, 보균자의 분변
	잠복기	2~3일
	증상	오한, 발열, 복통, 설사, 혈변 등
콜레라	특징	사망의 원인은 탈수증, 항생제 투여로 완치 가능
	감염경로	환자에게서 배출된 균이 해수, 음료수, 식품 등에 오염되어 경구적으로 오염
	감염원	환자, 보균자의 분변, 구토물
	잠복기	10시간~5일
	증상	설사와 구토로 인한 탈수증, 체온저하, 피부건조

❷ 바이러스성 경구 감염병

유행성 간염	특징	집단발생으로 나타내는 급성 바이러스성 간염
	감염경로	분변을 통한 경구감염, 손에 의한 식품의 오염
	감염원	환자, 보균자의 분변
	잠복기	20~25일
	증상	발열, 두통, 복통, 식욕부진, 황달
폴리오 (급성회백수염, 소아마비)	특징	처음에는 감기증상으로 시작, 열이 내릴 때 마비가 시작
	감염경로	감염자의 분변에서 배출된 바이러스에 오염된 음식물을 통한 경구 감염
	감염원	환자, 불현성 감염자의 분변
	잠복기	7~12일
	증상	발열, 두통, 현기증, 근육통, 사지 마비

전염성 설사증	특징	면역성 없음, 전염 설사증 바이러스에 의해 감염
	감염경로	식품이나 음료수의 오염을 거쳐 경구 감염
	감염원	환자의 분변
	잠복기	2~3일
	증상	메스꺼움, 복부 팽만감, 수양성 설사

❸ 원충성 감염병

아메바성이질	특징	원충에 의한 감염으로 면역이 없어 예방접종이 필요없음
	감염경로	환자나 낭포 보유자의 분변 중 배출된 원충이나 낭포가 채소나 음료수를 거쳐 경구 감염
	잠복기	3~4일
	증상	세균성이질보다 설사나 복통 증상이 약함

5 인수공통감염병

인수공통감염병은 인간과 척추동물 사이에 자연적으로 전파되는 질병으로 같은 병원체에 의해 똑같이 발생하는 감염병을 말한다.

❶ 병원체별 구분

세균성	탄저, 결핵, 살모넬라증, 이질, 브루셀라증, 리스테리아증, 야토병 등
바이러스성	광견병, 일본뇌염, 뉴캐슬병, 황열 등

❷ 병원소별 구분

탄저병	소, 말, 양 등의 포유동물
야토병	산토끼, 양 등
파상열(브루셀라증)	소, 돼지, 산양, 개, 닭 등
결핵	소, 산양 등
Q열	쥐, 소, 양 등
돈단독	돼지

6 법정감염병

구분	정의	종류
제1급	생물테러감염병 또는 치명률이 높거나 집단 발생의 우려가 커서 발생 또는 유행 즉시 신고하여야 하고, 음압격리와 같은 높은 수준의 격리가 필요한 감염병	에볼라바이러스병, 마버그열, 페스트, 탄저, 야토병, 보툴리눔독소증, 신종감염병증후군, 중동호흡기증후군, 신종인플루엔자, 디프테리아 등
제2급	전파가능성을 고려하여 발생 또는 유행 시 24시간 이내에 신고하여야 하고, 격리가 필요한 감염병	결핵, 수두, 홍역, 콜레라, 장티푸스, 파라티푸스, 세균성이질, 장출혈성대장균감염증, A형 간염, 백일해, 풍진, 폴리오, 한센병, 성홍열, 코로나바이러스-19, 원숭이두창 등
제3급	그 발생을 계속 감시할 필요가 있어 발생 또는 유행 시 24시간 이내에 신고하여야 하는 감염병	파상풍, B형 간염, 일본 뇌염, 말라리아, 발진티푸스, 비브리오패혈증, 쯔쯔가무시증, 큐열, 뎅기열 등
제4급	제1급감염병부터 제3급감염병까지의 감염병 외에 유행 여부를 조사하기 위하여 표본감시 활동이 필요한 감염병	인플루엔자, 매독, 회충증, 편충증, 요충증, 간흡충증, 수족구병 등

7 감염병의 예방 대책

❶ 감염원에 대한 대책

① 환자를 조기 발견한 후 격리하여 치료한다.
② 일반 및 유흥음식점에서 일하는 종사자들은 정기적인 건강진단이 필요하다.
③ 환자가 발생하면 접촉자의 대변을 검사하고 보균자를 관리하며 보균자의 식품 취급을 금한다.
④ 오염이 의심되는 식품은 수거하여 검사기관에 보내 의뢰한다.

❷ 인수공통감염병의 예방

① 가축의 예방접종을 실시한다.
② 우유의 멸균처리를 철저하게 하며 이환된 동물의 고기는 폐기한다.
③ 감염된 동물을 격리하며 도살장 검사를 철저히 한다.
④ 외국으로부터 유입되는 가축은 항구나 공항 등에서 철저한 검역을 거친다.

8 기생충 감염

❶ 채소로부터 감염되는 기생충

회충	• 소장에서 기생하며 경구로 감염됨
요충	• 대장에서 기생하며 경구로 감염됨 • 항문 주위에 산란하므로 항문 주위에 소양증이 생김
편충	• 대장에서 기생하며 경구로 감염됨
구충	• 소장에서 기생하며 경피 또는 경구로 감염됨
동양모양선충	• 소장에 기생하며 경구로 감염됨

❷ 어패류로부터 감염되는 기생충

종류	제1중간숙주	제2중간숙주
간흡충(간디스토마)	왜우렁이	담수어
폐흡충(폐디스토마)	다슬기	가재, 민물 게
요코가와흡충	다슬기	담수어, 잉어, 은어
광절열두조충(간촌충)	물벼룩	연어, 송어
아니사키스	크릴새우	연안어류

❸ 수육으로부터 감염되는 기생충

무구조충	소	유구조충	돼지
톡소플라스마	고양이, 돼지, 개	선모충	돼지, 개

❹ 기생충 예방법

① 육류나 어패류를 날 것으로 먹지 않는다.
② 야채류는 희석시킨 중성세제로 세척 후 흐르는 물에 5회 이상 씻는다.
③ 개인위생관리를 철저히 하며 조리 기구는 잘 소독하여 사용한다.

03 환경위생관리

1 작업환경위생관리

❶ 작업장 위생관리

① 작업장 바닥은 파여 있거나 갈라진 틈이 없어야 하며 필요한 경우를 제외하고 마른 상태를 유지한다.
② 배수로는 폐수를 폐수처리시설로 이동시키는 공간으로 작업장 외부 등에 폐수가 교차 오염되지 않도록 덮개를 설치하고 배수로에 퇴적물이 쌓이지 않도록 한다.
③ 작업장 내에 분리된 공간은 오염된 공기를 배출하기 위해 환풍기 등과 같은 강제 환기시설을 설치해야 한다.
④ 누수와 외부의 오염물질이나 곤충, 설치류 등의 유입을 차단할 수 있도록 밀폐 가능한 구조여야 한다.
⑤ 화장실은 휴게 장소가 있는 곳으로 남녀 화장실이 분리되어야 하며 생산 장소에 근접해야 한다.

❷ 작업장 주변관리

① 문이나 창문은 밀폐되거나 꼭 맞는 방충망이 설치되어 있는지 확인하며 방충망이 찢어지거나 구멍이 난 곳이 있는지 확인한다.
② 사용수의 경우 매일 살균, 소독, 여과 등 정수 처리 상태를 확인한다.
③ 배수로는 청결 구역에서 일반 구역으로 흐르도록 설치하여야 한다.
④ 공기의 흐름은 청결 구역에서 일반 구역으로 향하게 하고 환풍구에는 오염된 공기의 유입을 막기 위해 방충망 등을 부착한다.
⑤ 작업 도중 발생된 폐기물은 2차 오염이 되지 않도록 일정 장소에 보관 후 배출한다.

❸ 생산 공장의 입지

① 환경 및 주위가 깨끗한 곳이어야 한다.
② 양질의 물을 충분히 얻을 수 있는 곳이어야 한다.
③ 폐수 및 폐기물 처리가 용이한 곳이어야 한다.

❹ 공장 시설의 효율적인 배치

① 작업용 바닥면적은 그 장소를 이용하는 사람들의 수에 따라 달라진다.
② 공장의 모든 업무가 효과적으로 진행되기 위한 기본은 주방의 위치와 규모에 대한 설계이다.

❺ 주방의 설계

① 작업의 동선을 고려하여 설계, 시공하여야 한다.
② 작업 테이블은 작업의 효율성을 높이기 위하여 주방의 중앙부에 설치하는 것이 좋다.
③ 종업원의 출입구와 손님용 출입구는 별도로 한다.
④ 가스를 사용하는 작업장에는 환기시설을 갖춘다.
⑤ 벽면은 매끄럽고 청소하기 편리해야 한다.
⑥ 바닥은 미끄럽지 않고 배수가 잘되어야 한다.
⑦ 방충·방서용 금속망은 30메시(mesh)가 적당하며 공장 배수관의 최소 내경은 10cm이다.

❻ 공장의 조도

작업 내용	표준조도(Lux)	한계조도(Lux)
포장, 장식 등 수작업에 의한 마무리작업	500	500~700
계량, 반죽, 조리, 정형	200	150~300
기계작업에 의한 굽기, 포장, 장식작업	100	70~150
발효	50	30~70

2 소독제

❶ 살균

미생물을 사멸시키는 것을 살균작용이라 한다.

멸균	모든 미생물을 사멸시켜 완전한 무균 상태로 만드는 것
소독	감염병의 감염을 방지할 목적으로 병원균을 멸살하는 것
방부	식품 내 미생물의 성장, 증식을 억제하여 부패나 발효를 저지시키는 것

TIP 살균 작용의 정도

멸균 〉 소독 〉 방부

② 물리적인 방법(열처리법)

건열멸균법	• 건열멸균기 이용 • 170℃에서 1~2시간 가열하는 방법 • 유리기구, 주사침 등 소독
고압증기멸균법	• 고압증기멸균기 이용 • 121℃에서 20분간 살균하는 방법 • 통조림, 거즈 등 소독
저온장시간살균법 (LTLT법)	• 61~65℃에서 30분간 가열하는 방법 • 유제품, 건조과실 등 소독 • 영양소의 파괴 가장 적음
고온단시간살균법 (HTST법)	• 70~75℃에서 15~30초간 살균하는 방법 • 우유 등 소독
초고온단시간살균법 (UHT법)	• 130~140℃에서 0.5~5초간 살균하는 방법 • 영양 손실 적음

③ 물리적인 방법(비가열처리법)

자외선 멸균법	• 2,500~2,800Å(250~280nm)의 자외선 사용(살균력 높음) • 집단급식시설이나 식품 공장의 실내 공기 소독, 조리대의 소독 등 작업공간의 살균 적합
방사선 멸균법	• Co^{60}(코발트 60) 등의 방사선을 방출하는 물질 조사

TIP

• Å(옴스트롱) : 빛이나 전자기 방사선의 파장을 나타내는 길이의 단위
• nm(나노미터) : 길이의 단위로 옴스트롱을 대신하여 사용

④ 화학적인 방법(소독약)

염소	• 수돗물 소독에 이용 • 자극성 금속의 부식으로 트리할로메탄 발생 가능
차아염소산나트륨	• 음료수, 조리기구, 조리시설 등의 소독에 이용
석탄산(페놀)용액	• 소독제의 살균제 지표 • 평균 3% 수용액으로 사용 • 음료수나 식품을 제외한 손, 의류, 오물, 조리기구 등의 소독에 이용
역성비누	• 원액을 200~400배 희석 • 손, 식품, 조리기구 등의 소독에 사용
과산화수소	• 3% 수용액 • 피부, 상처소독에 사용

알코올	• 70% 수용액 • 금속, 유리, 조리기구, 손소독에 사용
크레졸 비누액	• 석탄산보다 소독력이 2배 강함 • 50% 비누액에 1~3% 수용액을 섞음 • 오물 소독, 손 소독 등에 사용
포르말린	• 30~40% 수용액 • 오물 소독에 사용

3 미생물의 종류와 특징 및 예방방법

❶ 식품의 변질에 영향을 미치는 미생물의 번식조건

① 온도 : 식품의 온도에 따라서 증식하는 균류

저온균	0~20℃에서 번식, 10~15℃ 최적 온도, 수중 세균
중온균	20~40℃에서 번식, 병원성 세균, 식품 부패 세균
고온균	50~70℃에서 번식, 온천수 세균

② pH : 식품의 pH에 따라서 증식하는 균류

pH 4~6(산성)	효모, 곰팡이
pH 6.5~7.5(약산성~중성)	일반 세균
pH 8.0~8.6(알칼리성)	콜레라균

③ 수분 : 식품의 Aw에 따라서 증식하는 균류

- 미생물의 주성분이며 생리기능을 조절하는 데 필요하다.
- 수분활성도가 세균 Aw 0.95 이하, 효모 Aw 0.87, 곰팡이 Aw 0.80일 때 증식이 억제된다.

④ 산소 : 식품의 산소 농도에 따라서 증식하는 균류

호기성균	산소가 있어야지만 증식하는 균
혐기성균	산소가 없어야지만 증식하는 균
통성혐기성균	산소에 영향을 받지 않고 증식하는 균

⑤ 영양소 : 식품의 영양 성분 중 미생물의 증식에 활용하는 영양소

탄소원	• 탄수화물, 포도당, 유기산, 알코올, 지방산에서 주로 에너지원으로 이용
질소원	• 단백질 구성요소인 아미노산을 통해 균 체외로 단백질 분해 효소를 분비하여 얻음 • 세포 구성 성분에 필수적
무기염류	• 황(S)과 인(P)을 다량 요구 • 세포 구성 성분, 조절작용에 필수적
비타민 B군	• 세포 내에서 합성되지 않아 세포 외에서 흡수 • 주로 발육에 필요한 영양소

⑥ 삼투압 : 식염과 설탕에 의한 삼투압은 일반적으로 세균 증식을 억제한다.

❷ 식품 위생 미생물

① 세균

비브리오(vibrio)속	• 무아포 • 혐기성 간균 • 콜레라균, 장염 비브리오균 등
락토바실루스 (lactobacillus)속	• 간균 • 젖산균이라고도 함(당류를 발효시켜 젖산 생성)
바실루스(bacillus)속	• 호기성 간균 • 아포 형성 • 열 저항성 강함 • 전분과 단백질 분해작용을 갖는 부패세균 • 로프균 등
리케차(rickettisa)	• 세균과 바이러스의 중간 형태 • 구형, 간형 등의 형태 • 발진열, 발진티푸스 등

TIP 로프균

제과제빵 작업 중 99℃의 내부온도에서도 생존하며 내열성이 강하여 최고 200℃에서도 죽지 않고 치사율이 높은 균이다. 산에 약해 pH 5.5의 약산성에도 모두 사멸한다.

② 진균류

곰팡이(mold)	• 식품 변패의 원인 • 유익한 곰팡이 : 누룩곰팡이(술, 된장, 간장 등 양조에 이용)
효모(yeast)	• 단세포의 진균 • 구형, 난형, 타원형 등 여러 형태를 한 미생물 • 세균보다 큼

③ 바이러스

- 미생물 중에서 가장 작은 것으로 살아있는 세포 중에서만 생존한다.
- 형태와 크기가 일정하지 않고 순수배양이 불가능하다.
- 천연두, 인플루엔자, 일본뇌염, 광견병, 소아마비 등이 있다.

4 방충·방서관리

해로운 벌레의 침범으로 인한 피해를 방지하기 위한 관리를 말한다.

❶ 방충 관리

① 배수로, 폐기물 처리장 등을 청결하게 관리한다.

② 시설 외부에 설치하는 전기충격 살충장치는 벌레를 유인하므로 출입구 부근이 아닌 다른 장소에 설치한다.

③ 실내의 포충등은 외부의 해충을 유인하지 않도록 외부에서 잘 보이지 않는 위치에 설치한다.

④ 출입구에는 벌레를 유인하지 않는 옐로우등을 설치한다.

⑤ 건물 내부의 빛이 누출되지 않도록 한다.

⑥ 해충을 유인할 수 있는 원료는 방충 효과가 있는 용기에 밀봉하여 보관한다.

⑦ 작업장 내·외부에 설치되어 있는 에어 샤워, 방충문 등의 점검을 정기적으로 실시하며 이상 발견 시 신속히 조치한다.

⑧ 전기충격식 살충기는 충체의 비산에 의한 오염을 방지하기 위해 작업대 근처를 피해 설치한다.

⑨ 살충제는 식품의 안정성과 적합성에 위협을 주지 않는 범위에서 사용한다.

⑩ 방제를 실시할 경우, 식품에 오염이 되지 않도록 접촉을 막는 조취를 취하며 되도록 휴일날 실시하도록 한다.

⑪ 쥐막이 시설은 식품과 사람에 대하여 오용되지 않도록 하며 적정성 여부를 확인한다.

⑫ 작업장 및 작업장 주변 소독은 외부에 의뢰하여 월 1회 이상 실시한다.

❷ 방서 관리

① 배수구와 트랩(trap)에 0.8cm 이하의 그물망을 설치한다.

② 시설 바닥의 콘트리트 두께는 10cm 이상, 벽은 15cm 이상으로 한다.

③ 문틈은 0.8cm 이하, 창의 하부에서 지상까지의 간격은 90cm 이상을 유지한다.

04 공정 점검 및 관리

1 공정의 이해 및 관리

빵류제품의 제조 공정 관리에 필요한 제품 설명서와 공정 흐름도를 작성하고 위해 요소분석을 통해 중요 관리점을 결정하며, 결정된 중요 관리점에 대한 세부적인 관리 계획을 수립하여 공정 관리하는 것을 말한다.

❶ 가열 전 일반제조 공정

가열공정에서 생물학적 위해요소가 제어되므로, 해당 공정은 일반적인 위생관리 수준으로 관리를 해도 무방한 공정을 말한다.
① 재료의 입고 및 보관 단계
② 계량 단계
③ 배합
④ 분할 → 성형 → 팬닝
⑤ 굽기 전 충전물 주입 및 토핑

❷ 가열 후 청결제조 공정

가열 후에는 CCP1 단계가 종료되었기 때문에 일반적인 위생관리로는 부족하고 반드시 청결구역에서 보다 더 청결하게 관리가 되어야 하는 공정으로 내포장 공정까지를 청결제조 공정이라고 한다.
① 가열(굽기)공정
② 냉각
③ 굽기 후 충전물 주입 및 토핑
④ 내포장

❸ 내포장 후 일반제조 공정

내포장 후 일반제조 공정이란 포장된 상태로 제품을 취급하는 공정이기 때문에 일반적인 위생관리 수준으로 관리하는 공정을 말한다. 해당 공정 중 금속검출공정은 원재료와 부재료에서 유래될 수 있거나 제조 공정 중에 혼입될 수 있는 금속이물을 관리하기 위한 중요관리점(CCP2)에 해당한다.
① 금속검출
② 외포장
③ 보관 및 출고

2 설비 및 기기

❶ 빵류제품 기기 및 도구의 종류

① 믹서 : 반죽을 빠르게 치대어 반복적인 늘림과 압축을 통해 밀가루 속에 있는 단백질로부터 글루텐을 발전시키거나 공기를 혼합시킬 때 사용하기 위해 고안되었다.

수직형 믹서	• 주로 소규모 제과점에서 사용 • 케이크, 빵 반죽에 이용
수평형 믹서	• 많은 양의 빵 반죽을 만들 때 사용 • 반죽의 양은 반죽통 용적의 30~60% 적당
스파이럴 믹서	• 나선형 훅 내장 • 프랑스빵, 독일빵 등 빵 반죽에 사용

② 오븐

데크 오븐	• 베이커리에서 일반적으로 사용하는 오븐 • 선반에서 독립적으로 상·하부 온도를 조절하여 제품을 구울 수 있음 • 평철판을 손으로 넣고 꺼내기 편리하며, 제품이 구워지는 상태를 눈으로 확인 가능 • 온도가 균일하게 형성되지 않는다는 단점이 있음
터널 오븐	• 대규모 생산 공장에서 대량생산을 위해 사용하는 오븐 • 반죽이 들어가는 입구와 출구가 다름 • 반죽이 터널을 통과하는 동안 온도가 다른 몇 개의 구역을 지나가며 굽기 완성
컨벡션 오븐	• 오븐의 실내 속에서 뜨거워진 공기를 팬을 사용하여 강제 순환 • 굽는 반죽 위에 차가운 공기층이 형성되는 것을 막기 때문에 빵이나 케이크에 좀 더 직접적으로 전달하는 형식
적외선 오븐	• 구울 팬을 래크의 선반에 끼워 래크 채로 오븐에 넣어 구우면 래크가 시계 방향으로 회전하면서 구워지기 때문에 열전달이 고름 • 내부 공간이 커서 많은 양의 제품을 구울 수 있으므로 주로 소규모 공장이나 대형 매장, 호텔 등에서 사용

③ 튀김기 : 빵류와 과자류 제조 공정에서 공통적으로 사용하며 제품별로 튀기기 온도가 다르기 때문에 온도 조절 장치가 부착되어 있다. 주로 도넛과 같은 튀김 빵·과자류에 사용한다.

④ 파이롤러 : 롤러의 간격을 점차 좁게 조절하여 반죽의 두께를 조절하면서 반죽을 밀어펼 수 있는 기계로 파이(페이스트리) 등을 만들 때 많이 사용하므로 냉장고, 냉동고 옆에 위치하는 것이 가장 적합하다.

⑤ 분할기 : 1차 발효가 끝난 반죽을 정해진 용량의 반죽 크기로 분할하는 기계이다.

⑥ 라운더 : 분할된 반죽을 둥그렇게 말아 하나의 피막을 형성되도록 하게 만드는 기계이다.

⑦ 정형기 : 중간발효를 마친 반죽을 밀어펴서 가스를 빼고 말아 다양한 길이와 두께의 스틱 모양으로 만들거나, 링 모양 혹은 팥소 싸기 등을 할 수 있는 기계이다.

⑧ 발효기 : 온도와 습도를 조절하여 발효가 이루어지도록 하는 기계이다.

⑨ 도우 컨디셔너 : 작업 상황에 맞게 빵 반죽을 냉동 상태, 냉장 상태, 해동 상태, 2차 발효 상태를 프로그래밍에 의해 자동적으로 조절하는 기계이다.

⑩ 온도계 : 재료, 반죽 또는 제품의 온도를 측정하는 계측기로 온도계마다 측정 온도 범위가 있으므로 용도에 맞는 기기를 선택하여 사용한다.

⑪ 전자저울 : 용기를 저울에 올려놓고 영점(零點)을 맞출 수 있기 때문에 실제 계량하고자 하는 재료의 무게만을 측정할 수 있다.

⑫ 밀대 : 반죽을 밀어펴기 하거나 정형을 위해 사용한다.

⑬ 각종 틀 : 빵류제품을 성형 시 종류에 따라 모양을 만들 때 사용한다.

3 제빵적성 시험기기

패리노그래프	• 밀가루의 흡수율, 믹싱시간, 믹싱내구성 및 점탄성 등의 글루텐 질 측정
아밀로그래프	• 밀가루의 호화온도, 호화정도, 점도의 변화 파악
익스텐소그래프	• 반죽의 신장성과 신장에 대한 저항성 측정
믹소그래프	• 반죽의 형성과 글루텐 발달 정도 기록 • 밀가루 단백질의 함량과 흡수와의 관계, 믹싱시간, 믹싱내구성 측정

TIP 아밀로그래프 수치

일반적으로 양질의 빵 속을 만들기 위한 범위는 400~600 B.U가 적당함

4 설비 및 기기의 위생, 안전 관리

❶ 설비 관리

① 작업대는 부식성이 없는 스테인리스 재질로 설비하고 스테인리스 용기, 기구는 중성세제를 이용하여 세척, 열탕소독, 약품소독(화학소독)을 사용 전·후에 실시한다.

② 냉동실은 영하 18℃ 이하, 냉장실은 5℃ 이하의 적정 온도를 유지하고 주 1회 세정, 소독하며 정기적으로 서리 제거를 진행한다.

③ 믹싱볼과 부속품은 분리 후 중성 세제 또는 약알칼리성 세제를 이용하여 세정 후 건조하여 보관한다. 믹서 기계의 청소 시 모터에 물이 들어가지 않도록 한다.

④ 오븐은 오븐 클리너를 사용하여 그을음을 제거하고 부패를 방지하기 위해 주 2회 청소한다.

⑤ 파이롤러의 경우, 사용 후 윗부분의 이물질을 깨끗하게 제거하고 청소를 철저하게 진행해야 세균의 번식을 막을 수 있다.

⑥ 화구가 막혔을 경우 철사로 구멍을 뚫고, 가스가 새어나오지 않도록 가스 코크와 공기조절기 등을 점검한다.

⑦ 튀김기에 따뜻한 비눗물을 가득 붓고 10분간 끓인 후 내부를 깨끗하게 세척하고 건조시켜 뚜껑을 닫아 보관한다.

❷ 기기 및 소도구 관리

① 상온의 진열대는 제품을 진열하기 전, 후에 항상 깨끗하게 관리한다.

② 제품을 진열대에 놓을 경우, 상온의 먼지나 세균에 노출될 수 있으므로 뚜껑을 덮어 보관하거나 포장하여 진열한다.

③ 쇼케이스의 온도는 10℃ 이하를 유지하고 문틈에 쌓인 찌꺼기를 제거하여 청결하게 유지한다.

④ 에이컨 필터는 주 1회 중성 세제를 이용하여 세척 후 건조시켜 사용한다.

⑤ 제품을 집는 집게와 쟁반 등 제품에 직접적으로 닿는 기구들은 철저하게 세척, 소독하여 사용한다. 쟁반 위에는 일회용 종이를 깔고 사용한다.

⑥ 일회용 비닐장갑은 사용 후 반드시 폐기한다.

⑦ 식빵 틀, 빵 틀 등은 녹슬지 않도록 관리하며 기름때가 있는 상태로 보관하지 않는다.

⑧ 소기구류(칼, 도마, 행주)는 중성세제, 약알칼리세제를 사용하여 세척 후 바람이 잘 통하고 햇볕 잘 드는 곳에 1일 1회 이상 소독한다.

5 생산 관리

❶ 생산관리의 개요

생산 활동의 구성 요소(5M)는 사람(man), 기계(machine), 재료(material), 방법(method), 관리(management)이다.

TIP 제빵 제조 공정의 4대 중요 관리 항목

시간 관리, 온도 관리, 습도 관리, 공정 관리

① 생산가치 : 생산금액에서 원가 및 제비용과 부대 경비를 제외하고 남은 것을 말한다.

생산가치	생산금액−(원재료비+부재료비)−(제조경비+인건비+감가상각비)
생산가치율(%)	(생산가치/생산금액)×100

② 노동 생산성 : 일정 시간 투입된 노동량과 그 성과인 생산량의 비율을 말한다.

1인당 생산가치	생산가치/인원
노동분배율(%)	(인건비/생산가치)×100

❷ 원가관리의 개요

기업은 이익을 창출하면서 제품의 가치를 높이기 위하여 원가를 절감하는 노력이 필요하다.

① 제품의 가치 : 사람의 욕망을 충족시키는 효용의 비율을 말하며 일반적으로 사용가치, 귀중가치, 코스트가치, 교환가치로 분류된다.

TIP 원가계산의 목적

생산원가의 관리, 이익의 산출 및 계산, 판매 가격의 결정

② 원가 구성요소

직접비 (직접 원가)	직접 재료비 + 직접 노무비 + 직접 경비
제조 원가 (제품 원가)	직접비 + 제조 간접비
총 원가	제조 원가 + 판매비 + 일반 관리비
판매가격	총 원가 + 이익

TIP 손익분기점

매출액과 총비용이 일치하여 이익도 손실도 발생하지 않는 지점

TIP 개당 노무비 계산

(노무비×시간×인원)/제품수

문제편

2017년부터 모든 기능사 필기시험은 시험장의 컴퓨터를 통해 이루어집니다. 화면에 나타난 문제를 풀고 마우스를 통해 정답을 표시하여 모든 문제를 다 풀었는지 한 번 더 확인한 후 답안을 제출하고, 제출된 답안은 감독자의 컴퓨터에 자동으로 저장되는 방식입니다. 처음 응시하는 학생들은 시험 환경이 낯설어 실수할 수 있으므로, 반드시 사전에 CBT 시험에 대한 충분한 연습이 필요합니다.

■ Q-Net 홈페이지의 CBT 체험하기

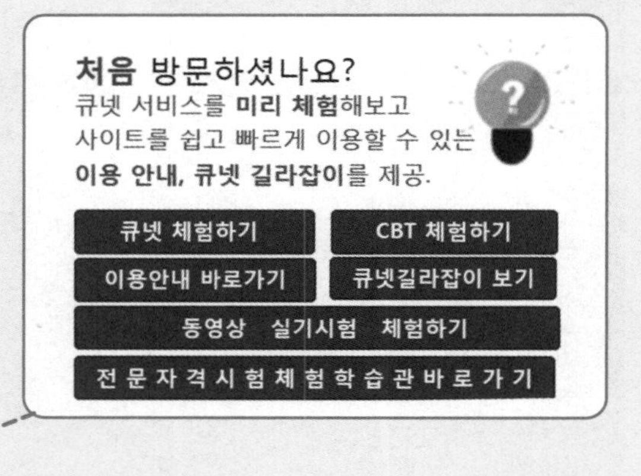

■ CBT 시험을 위한 모바일 모의고사

① QR코드 스캔 → 도서 소개화면에서 '모바일 모의고사' 터치

② 로그인 후 '실전모의고사' 회차 선택

③ 스마트폰 화면에 보이는 문제를 보고 정답란에 정답 체크

④ 문제를 다 풀고 채점하기 터치 → 내 점수, 정답, 오답, 해설 확인 가능

문제풀기　　채점하기　　해설보기

정답 및 해설 부록 2p

제빵기능사 필기 빈출 문제 ❶

수험번호 :

수험자명 :

제한 시간 : 60분
남은 시간 : 60분

QR코드를 스캔하면 스마트폰을 활용한 모바일 모의고사를 이용할 수 있습니다.

전체 문제 수 : 60
안 푼 문제 수 :

답안 표기란

1 ① ② ③ ④
2 ① ② ③ ④
3 ① ② ③ ④
4 ① ② ③ ④
5 ① ② ③ ④

1 **이형유에 관한 설명 중 틀린 것은?**

① 틀을 실리콘으로 코팅하면 이형유 사용을 줄일 수 있다.
② 이형유는 발연점이 높은 기름을 사용한다.
③ 이형유 사용량은 반죽 무게에 대하여 0.1~0.2% 정도이다.
④ 이형유 사용량이 많으면 밑껍질이 얇아지고 색상이 밝아진다.

2 **일반적으로 식빵에 사용되는 설탕은 스트레이트법에서 몇 % 정도일 때 이스트 작용을 지연시키는가?**

① 1%
② 2%
③ 4%
④ 7%

3 **스트레이트법에 의한 제빵 반죽 시 보통 유지를 첨가하는 단계는?**

① 픽업 단계
② 클린업 단계
③ 발전 단계
④ 렛 다운 단계

4 **빵류제품 제조 시 적량보다 많은 분유를 사용했을 때의 결과 중 잘못된 것은?**

① 양옆면과 바닥이 움푹 들어가는 현상이 생김
② 껍질색은 캐러멜화에 의하여 검어짐
③ 모서리가 예리하고 터지거나 슈레드가 적음
④ 세포벽이 두꺼우므로 황갈색을 나타냄

5 **중간발효가 필요한 주된 이유는?**

① 탄력성을 약화시키기 위하여
② 모양을 일정하게 하기 위하여
③ 반죽 온도를 낮게 하기 위하여
④ 반죽에 유연성을 부여하기 위하여

6 비상스트레이트법 반죽의 가장 적합한 온도는?

① 15℃ ② 20℃
③ 30℃ ④ 40℃

7 주로 소매점에서 자주 사용하는 믹서로써 거품형 케이크 및 빵 반죽이 모두 가능한 믹서는?

① 수직 믹서(vertical mixer)
② 스파이럴 믹서(spiral mixer)
③ 수평 믹서(horizontal mixer)
④ 핀 믹서(pin mixer)

8 일반적으로 풀먼식빵의 굽기 손실은 얼마나 되는가?

① 약 2~3% ② 약 4~6%
③ 약 7~9% ④ 약 11~13%

9 정형기(moulder)의 작동 공정이 아닌 것은?

① 둥글리기 ② 밀어펴기
③ 말기 ④ 봉하기

10 둥글리기의 목적이 아닌 것은?

① 글루텐의 구조와 방향 정돈
② 수분 흡수력 증가
③ 반죽의 기공을 고르게 유지
④ 반죽 표면에 얇은 막 형성

11 생산관리의 3대 요소에 해당하지 않는 것은?

① 시장(market) ② 사람(man)
③ 재료(material) ④ 자금(money)

답안 표기란	
6	① ② ③ ④
7	① ② ③ ④
8	① ② ③ ④
9	① ② ③ ④
10	① ② ③ ④
11	① ② ③ ④

12 2% 이스트를 사용했을 때 최적 발효시간이 120분이라면 2.2%의 이스트를 사용했을 때의 예상발효시간은?

① 130분 ② 109분
③ 100분 ④ 90분

13 식빵 제조 시 물 사용량 1,000g, 계산된 물 온도 −7°C, 수돗물 온도 20℃의 조건이라면 얼음 사용량은?

① 50g ② 130g
③ 270g ④ 410g

14 발효 손실에 관한 설명으로 틀린 것은?

① 반죽 온도가 높으면 발효 손실이 크다.
② 발효시간이 길면 발효 손실이 크다.
③ 고배합률일수록 발효 손실이 크다.
④ 발효 습도가 낮으면 발효 손실이 크다.

15 일반적인 빵류제품 제조 시 2차 발효실의 가장 적합한 온도는?

① 25~30℃ ② 30~35℃
③ 35~40℃ ④ 45~50℃

16 오븐 온도가 낮을 때 제품에 미치는 영향은?

① 2차 발효가 지나친 것과 같은 현상이 나타난다.
② 껍질이 급격히 형성된다.
③ 제품의 옆면이 터지는 현상이다.
④ 제품의 부피가 작아진다.

17 냉동반죽 제품의 장점이 아닌 것은?

① 계획생산이 가능하다.
② 인당 생산량이 증가한다.
③ 이스트의 사용량이 감소된다.
④ 반죽의 저장성이 향상된다.

답안 표기란

12	①	②	③	④
13	①	②	③	④
14	①	②	③	④
15	①	②	③	④
16	①	②	③	④
17	①	②	③	④

18 다음 재료 중 발효에 미치는 영향이 가장 적은 것은?

① 이스트 양 ② 온도
③ 소금 ④ 유지

19 팬 오일의 구비 조건이 아닌 것은?

① 높은 발연점 ② 무색, 무미, 무취
③ 가소성 ④ 항산화성

20 생산액이 2,000,000원, 외부가치가 1,000,000원, 생산가치가 500,000원, 인건비가 800,000원일 때 생산가치율은?

① 20% ② 25%
③ 35% ④ 40%

21 지나친 반죽(과발효)이 제품에 미치는 영향을 잘못 설명한 것은?

① 부피가 크다. ② 향이 강하다.
③ 껍질이 두껍다. ④ 팬흐름이 적다.

22 굽기 과정 중 당류의 캐러멜화가 개시되는 온도로 가장 적합한 것은?

① 100℃ ② 120℃
③ 150℃ ④ 185℃

23 식빵 제조 시 최고 부피를 얻을 수 있는 유지의 양은?(단, 다른 재료의 양은 모두 동일하다고 본다)

① 2% ② 4%
③ 8% ④ 12%

답안 표기란

18	①	②	③	④
19	①	②	③	④
20	①	②	③	④
21	①	②	③	④
22	①	②	③	④
23	①	②	③	④

24 굽기 중 전분의 호화 개시 온도와 이스트의 사멸 온도로 가장 적당한 것은?

① 20℃ ② 30℃
③ 40℃ ④ 60℃

25 다음 중 빵의 노화가 가장 빨리 발생하는 온도는?

① −18℃ ② 0℃
③ 20℃ ④ 35℃

26 모닝빵을 1,000개 만드는 데 한 사람이 3시간 걸렸다. 1,500개 만드는데 30분 내에 끝내려면 몇 사람이 작업해야 하는가?

① 2명 ② 3명
③ 9명 ④ 5명

27 빵류제품용 포장지의 구비 조건이 아닌 것은?

① 탄력성 ② 작업성
③ 위생성 ④ 보호성

28 제조 공정상 비상반죽법에서 가장 많은 시간을 단축할 수 있는 공정은?

① 재료계량 ② 믹싱
③ 1차 발효 ④ 굽기

29 냉동반죽법의 냉동과 해동 방법으로 옳은 것은?

① 급속 냉동, 급속 해동 ② 급속 냉동, 완만 해동
③ 완만 냉동, 급속 해동 ④ 완만 냉동, 완만 해동

답안 표기란

24	①	②	③	④
25	①	②	③	④
26	①	②	③	④
27	①	②	③	④
28	①	②	③	④
29	①	②	③	④

30 포장 전 빵의 온도가 너무 낮을 때는 어떤 현상이 일어나는가?

① 노화가 빨라진다.
② 썰기(slice)가 나쁘다.
③ 포장지에 수분이 응축된다.
④ 곰팡이, 박테리아의 번식이 용이하다.

31 빵류제품에 있어 일반적으로 껍질을 부드럽게 하는 재료는?

① 소금 ② 밀가루
③ 마가린 ④ 이스트 푸드

32 밀가루 단백질 중 알코올에 녹고 주로 점성이 높아지는 성질을 가진 것은?

① 글루테닌 ② 글로불린
③ 알부민 ④ 글리아딘

33 이스트에 함유되어 있지 않은 효소는?

① 인버타아제 ② 말타아제
③ 찌마아제 ④ 아밀라아제

34 이스트 푸드 성분 중 물 조절제로 사용되는 것은?

① 황산암모늄 ② 전분
③ 칼슘염 ④ 이스트

35 밀가루 반죽을 끊어질 때까지 늘려서 반죽의 신장성을 알아보는 것은?

① 아밀로그래프 ② 패리노그래프
③ 익스텐소그래프 ④ 믹소그래프

답안 표기란

30	①	②	③	④
31	①	②	③	④
32	①	②	③	④
33	①	②	③	④
34	①	②	③	④
35	①	②	③	④

36 밀가루 중에 손상전분이 빵류제품 제조 시에 미치는 영향으로 옳은 것은?

① 반죽 시 흡수가 늦고 흡수량이 많다.
② 반죽 시 흡수가 빠르고 흡수량이 적다.
③ 발효가 빠르게 진행된다.
④ 제빵과 아무 관계가 없다.

37 이스트에 대한 설명 중 옳지 않은 것은?

① 제빵용 이스트는 20~25℃ 온도에서 발효력이 최대가 된다.
② 주로 출아법에 의해 증식한다.
③ 생이스트의 수분 함유율은 70~75%이다.
④ 엽록소가 없는 단세포 생물이다.

38 일반적으로 양질의 빵 속을 만들기 위한 아밀로그래피의 범위는?

① 0~150B.U. ② 200~300B.U.
③ 400~600B.U. ④ 800~1,000B.U.

39 일반적으로 반죽을 강화시키는 재료는?

① 유지, 탈지분유, 달걀 ② 소금, 산화제, 탈지분유
③ 유지, 환원제, 설탕 ④ 소금, 산화제, 설탕

40 정상적인 빵 발효를 위하여 맥아와 유산을 첨가하는 것이 좋은 물은?

① 산성인 연수 ② 중성인 아경수
③ 중성인 경수 ④ 알칼리성인 경수

41 유용한 장내세균의 발육을 촉진하여 정장작용을 하는 당은?

① 설탕 ② 유당
③ 맥아당 ④ 셀로비오스

답안 표기란

36	① ② ③ ④
37	① ② ③ ④
38	① ② ③ ④
39	① ② ③ ④
40	① ② ③ ④
41	① ② ③ ④

42 글리코겐이 주로 합성되는 곳은?

① 간, 신장 ② 소화관, 근육
③ 간, 혈액 ④ 간, 근육

43 다음 중 지용성 비타민은?

① 비타민 K ② 비타민 C
③ 비타민 B_1 ④ 엽산

44 콜레스테롤 흡수와 가장 관계 깊은 것은?

① 타액 ② 위액
③ 담즙 ④ 장액

45 신체 내에서 물의 주요 기능은?

① 연소 작용 ② 체온 조절 작용
③ 신경계 조절 작용 ④ 열량 생산 작용

46 시금치에 들어 있으며 칼슘의 흡수를 방해하는 유기산은?

① 초산 ② 호박산
③ 수산 ④ 구연산

47 나이아신(niacin)의 결핍증은?

① 야맹증 ② 신장병
③ 펠라그라증 ④ 괴혈병

48 빈혈 예방과 관계가 가장 먼 영양소는?

① 철 ② 칼슘
③ 비타민 B_{12} ④ 코발트

답안 표기란

42	①	②	③	④
43	①	②	③	④
44	①	②	③	④
45	①	②	③	④
46	①	②	③	④
47	①	②	③	④
48	①	②	③	④

49 빵류·과자류 공장에서 생산관리 시 매일 점검할 사항이 아닌 것은?

① 제품 당 평균 단가 ② 설비 가동률
③ 원재료율 ④ 출근율

50 빵, 과자 중에 많이 함유된 탄수화물이 소화, 흡수되어 수행하는 기능이 아닌 것은?

① 에너지를 공급한다.
② 단백질 절약 작용을 한다.
③ 뼈를 자라게 한다.
④ 분해되면 포도당이 생성된다.

51 감염병의 병원소가 아닌 것은?

① 감염된 가축 ② 오염된 음식물
③ 건강보균자 ④ 토양

52 다음 중 HACCP(해썹) 적용의 7가지 원칙에 해당하지 않는 것은?

① 위해요소분석 ② HACCP 팀 구성
③ 한계기준설정 ④ 기록유지 및 문서관리

53 물과 기름처럼 서로 혼합이 잘 되지 않는 두 종류의 액체를 혼합, 분산시켜주는 첨가물은?

① 유화제 ② 소포제
③ 피막제 ④ 팽창제

54 정제가 불충분한 기름 중에 남아 식중독을 일으키는 고시폴(gossypol)은 어느 기름에서 유래하는가?

① 피마자유 ② 콩기름
③ 면실유 ④ 미강유

답안 표기란

49	①	②	③	④
50	①	②	③	④
51	①	②	③	④
52	①	②	③	④
53	①	②	③	④
54	①	②	③	④

55 식중독 발생 현황에서 발생 빈도가 높은 우리나라 3대 식중독 원인 세균이 아닌 것은?

① 살모넬라균　② 포도상구균
③ 장염 비브리오균　④ 바실러스 세레우스

56 파리 및 모기 구제의 가장 이상적인 방법은 무엇인가?

① 살충제를 뿌린다.
② 발생원을 제거한다.
③ 음식물을 잘 보관한다.
④ 유충을 제거한다.

57 미생물에 의한 부패나 변질을 방지하고 화학적인 변화를 억제하며 보존성을 높이고 영양가 및 신선도를 유지하는 목적으로 첨가하는 것은?

① 감미료　② 보존료
③ 산미료　④ 조미료

58 다음 중 병원체가 바이러스인 질병은?

① 폴리오　② 결핵
③ 디프테리아　④ 성홍열

59 다음 중 작업공간의 살균에 가장 적당한 것은?

① 자외선 살균　② 적외선 살균
③ 가시광선 살균　④ 자비 살균

60 빵류·과자류제품의 부패요인과 관계가 가장 먼 것은?

① 수분 함량　② 제품 색
③ 보관 온도　④ pH

답안 표기란

55	① ② ③ ④
56	① ② ③ ④
57	① ② ③ ④
58	① ② ③ ④
59	① ② ③ ④
60	① ② ③ ④

정답 및 해설 부록 7p

제빵기능사 필기 빈출 문제 ❷

수험번호 :

수험자명 :

제한 시간 : 60분
남은 시간 : 60분

QR코드를 스캔하면 스마트폰을 활용한 모바일 모의고사를 이용할 수 있습니다.

전체 문제 수 : 60
안 푼 문제 수 :

답안 표기란

1 ① ② ③ ④
2 ① ② ③ ④
3 ① ② ③ ④
4 ① ② ③ ④
5 ① ② ③ ④

1 성형에서 반죽의 중간발효 후 밀어펴기 하는 과정의 주된 효과는?

① 글루텐 구조의 재 정돈
② 가스를 고르게 분산
③ 부피의 증가
④ 단백질의 변성

2 소금을 늦게 넣어 믹싱 시간을 단축하는 방법은?

① 염장법 ② 후염법
③ 염지법 ④ 훈제법

3 총 원가는 어떻게 구성되는가?

① 제조 원가+판매비+일반 관리비
② 직접 재료비+직접 노무비+판매비
③ 제조 원가+이익
④ 직접 원가+일반 관리비

4 냉동생지법에 적합한 반죽의 온도는?

① 18~22℃ ② 26~30℃
③ 32~36℃ ④ 38~42℃

5 다음 중 빵의 노화속도가 가장 빠른 온도는?

① −18~−1℃ ② 0~10℃
③ 20~30℃ ④ 35~45℃

6 빵제품의 껍질색이 여리고, 부스러지기 쉬운 껍질이 되는 경우에 가장 크게 영향을 미치는 요인은?

① 지나친 발효　② 발효 부족
③ 지나친 반죽　④ 반죽 부족

7 굽기 손실이 가장 큰 제품은?

① 식빵　② 바게트
③ 단팥빵　④ 버터롤

8 빵 제품의 평가항목 설명으로 틀린 것은?

① 외관평가는 부피, 겉껍질 색상이다.
② 내관평가는 기공, 속색, 조직이다.
③ 종류평가는 크기, 무게, 가격이다.
④ 빵의 식감평가는 냄새, 맛, 입안에서의 감촉이다.

9 픽업(pick up) 단계에서 믹싱을 완료해도 좋은 제품은?

① 스트레이트법 식빵　② 스펀지/도법 식빵
③ 햄버거빵　④ 데니시 페이스트리

10 스트레이트법으로 일반 식빵을 만들 때 믹싱 후 반죽의 온도로 가장 이상적인 것은?

① 20℃　② 27℃
③ 34℃　④ 41℃

11 식빵 600g짜리 10개를 제조할 때 발효 및 굽기·냉각 손실 등을 합하여 총 손실이 20%이고, 배합률의 합계가 150%라면 밀가루 사용량은?

① 3kg　② 5kg
③ 6kg　④ 8kg

답안 표기란

6	① ② ③ ④
7	① ② ③ ④
8	① ② ③ ④
9	① ② ③ ④
10	① ② ③ ④
11	① ② ③ ④

12 분할된 반죽을 둥그렇게 말아 하나의 피막을 형성토록 하는 기계는?

① 믹서(mixer)
② 오버헤드 프루퍼(overhead proofer)
③ 정형기(moulder)
④ 라운더(rounder)

13 데니시 페이스트리 반죽의 적정 온도는?

① 18~22℃ ② 26~31℃
③ 35~39℃ ④ 45~49℃

14 식빵 반죽의 희망 온도가 27℃일 때, 실내온도 20℃, 밀가루 온도 20℃, 마찰계수 30인 경우 사용할 물의 온도는?

① −7℃ ② 3℃
③ 11℃ ④ 18℃

15 냉동반죽법에서 반죽의 냉동 온도와 저장 온도의 범위로 가장 적합한 것은?

① −5℃, 0~4℃ ② −20℃, −18~0℃
③ −40℃, −25~−18℃ ④ −80℃, −18~0℃

16 같은 조건의 반죽에 설탕, 포도당, 과당을 같은 농도로 첨가했다고 가정할 때 마이야르 반응속도를 촉진시키는 순서대로 나열된 것은?

① 설탕 – 포도당 – 과당
② 과당 – 설탕 – 포도당
③ 과당 – 포도당 – 설탕
④ 포도당 – 과당 – 설탕

17 스트레이트법에 의해 식빵을 만들 경우 밀가루 온도 22℃, 실내온도 26℃, 수돗물 온도 17℃, 결과 온도 30℃, 희망 온도 27℃, 사용 물량 1,000g이면 얼음 사용량은 약 얼마인가?

① 98g ② 93g
③ 88g ④ 83g

답안 표기란

12	①	②	③	④
13	①	②	③	④
14	①	②	③	④
15	①	②	③	④
16	①	②	③	④
17	①	②	③	④

18 **건포도 식빵을 구울 때 건포도에 함유된 당의 영향을 고려하여 주의할 점은?**

① 윗불을 약간 약하게 한다.
② 굽는 시간을 늘린다.
③ 굽는 시간을 줄인다.
④ 오븐 온도를 높게 한다.

19 **노무비를 절감하는 방법으로 바람직하지 않은 것은?**

① 표준화 ② 단순화
③ 설비 휴무 ④ 공정시간 단축

20 **산형 식빵의 비용적으로 가장 적합한 것은?**

① 1.5~1.8 ② 1.7~2.6
③ 3.2~3.5 ④ 4.0~4.5

21 **노화에 대한 설명으로 틀린 것은?**

① α화 전분이 β화 전분으로 변하는 것
② 빵의 속이 딱딱해지는 것
③ 수분이 감소하는 것
④ 빵의 내부에 곰팡이가 피는 것

22 **빵류제품에 적정한 물의 경도는 120~180ppm인데, 이는 다음 중 어느 분류에 속하는가?**

① 연수 ② 아경수
③ 일시적 경수 ④ 영구적 경수

23 **빵에서 탈지분유의 역할이 아닌 것은?**

① 흡수율 감소 ② 조직 개선
③ 완충제 역할 ④ 껍질색 개선

답안 표기란	
18	① ② ③ ④
19	① ② ③ ④
20	① ② ③ ④
21	① ② ③ ④
22	① ② ③ ④
23	① ② ③ ④

답안 표기란				
24	①	②	③	④
25	①	②	③	④
26	①	②	③	④
27	①	②	③	④
28	①	②	③	④
29	①	②	③	④

24 **플로어 타임을 길게 주어야 할 경우는?**

① 반죽 온도가 높을 때
② 반죽 배합이 덜 되었을 때
③ 반죽 온도가 낮을 때
④ 중력분을 사용했을 때

25 **다음 중 숙성한 밀가루에 대한 설명으로 틀린 것은?**

① 밀가루의 황색색소가 공기 중의 산소에 의해 더욱 진해진다.
② 환원성 물질이 산화되어 반죽의 글루텐 파괴가 줄어든다.
③ 밀가루의 pH가 낮아져 발효가 촉진된다.
④ 글루텐의 질이 개선되고 흡수성을 좋게 한다.

26 **빵을 구웠을 때 갈변이 되는 것은 어떤 반응에 의한 것인가?**

① 비타민 C의 산화에 의하여
② 효모에 의한 갈색반응에 의하여
③ 마이야르(maillard) 반응과 캐러멜화 반응이 동시에 일어나서
④ 클로로필(chlorophyll)이 열에 의해 변성되어서

27 **건조이스트는 같은 중량을 사용할 생이스트보다 활성이 약 몇 배 더 강한가?**

① 2배 ② 5배
③ 7배 ④ 10배

28 **다음 당류 중 일반적인 제빵용 이스트에 의하여 분해되지 않는 것은?**

① 설탕 ② 맥아당
③ 과당 ④ 유당

29 **이스트에 질소 등의 영양을 공급하는 제빵용 이스트 푸드의 성분은?**

① 칼슘염 ② 암모늄염
③ 브롬염 ④ 요오도염

30 50g의 밀가루에서 15g의 젖은 글루텐을 재취했다면 이 밀가루의 건조 글루텐 함량은?

① 10% ② 20%
③ 30% ④ 40%

31 호밀빵 제조 시 호밀을 사용하는 이유 및 기능과 거리가 먼 것은?

① 독특한 맛 부여 ② 조직의 특성 부여
③ 색상 향상 ④ 구조력 향상

32 아밀로오스(amylose)의 특징이 아닌 것은?

① 일반 곡물 전분 속에 약 17~28% 존재한다.
② 비교적 적은 분자량을 가졌다.
③ 퇴화의 경향이 적다.
④ 요오드 용액에 청색 반응을 일으킨다.

33 빵류·과자류제품에서 달걀의 역할로만 묶인 것은?

① 영양가치 증가, 유화역할, pH강화
② 영양가치 증가, 유화역할, 조직강화
③ 영양가치 증가, 조직강화, 방부효과
④ 유화역할, 조직강화, 발효시간 단축

34 다음 중 단백질 분해효소가 아닌 것은?

① 리파아제(lipase) ② 브로멜린(bromelin)
③ 파파인(papain) ④ 피신(ficin)

35 전분의 종류에 따른 중요한 물리적 성질과 가장 거리가 먼 것은?

① 냄새 ② 호화 온도
③ 팽윤 ④ 반죽의 점도

답안 표기란

30	① ② ③ ④
31	① ② ③ ④
32	① ② ③ ④
33	① ② ③ ④
34	① ② ③ ④
35	① ② ③ ④

36 β-아밀라아제의 설명으로 틀린 것은?

① 전분이나 덱스트린을 맥아당으로 만든다.
② 아밀로오스의 말단에서 시작하여 포도당 2분자씩을 끊어가면서 분해한다.
③ 전분의 구조가 아밀로펙틴인 경우 약 52%까지만 가수분해한다.
④ 액화효소 또는 내부 아밀라아제라고도 한다.

37 밀가루 중에 가장 많이 함유된 물질은?

① 단백질 ② 지방
③ 전분 ④ 회분

38 소맥분 속의 수분 함량이 14% 이상 되면, 여러 가지 바람직하지 못한 결과가 초래되는데 그 결과와 관련이 없는 것은?

① 곰팡이가 피기 쉽다.
② 효소 활동이 둔화된다.
③ 곤충과 진드기 번식이 용이하다.
④ 소맥분의 고형분 함량이 감소한다.

39 빵류제품에서 설탕의 기능으로 틀린 것은?

① 이스트의 영양분이 됨
② 껍질색을 나게 함
③ 향을 향상시킴
④ 노화를 촉진시킴

40 유지의 기능이 아닌 것은?

① 감미제 ② 안정화
③ 가소성 ④ 유화성

41 다음 중 탄수화물의 기능이 아닌 것은?

① 에너지 공급원으로 사용된다.
② 지방 대사에 관여한다.
③ 정상적인 활동을 위한 혈당을 유지한다.
④ 나이아신을 합성한다.

답안 표기란

36	①	②	③	④
37	①	②	③	④
38	①	②	③	④
39	①	②	③	④
40	①	②	③	④
41	①	②	③	④

42 다음 중 제품의 가치에 속하지 않는 것은?

① 교환가치 ② 귀중가치
③ 사용가치 ④ 재고가치

43 필수아미노산이 아닌 것은?

① 라이신 ② 메티오닌
③ 페닐알라닌 ④ 아라키돈산

44 지방의 기능이 아닌 것은?

① 지용성 비타민의 흡수를 돕는다.
② 외부의 충격으로부터 장기를 보호한다.
③ 높은 열량을 제공한다.
④ 변의 크기를 증대시켜 장관 내 체류시간을 단축시킨다.

45 다음 중 불완전 단백질 식품은?

① 옥수수 ② 달걀
③ 우유 ④ 육류

46 단백질을 구성하는 기본 단위는?

① 아미노산 ② 지방산
③ 글리세린 ④ 포도당

47 췌장에서 생성되는 지방분해효소는?

① 트립신 ② 아밀라아제
③ 펩신 ④ 리파아제

48 대장 내의 작용에 대한 설명으로 틀린 것은?

① 무기질의 흡수가 일어난다.
② 수분흡수가 주로 일어난다.
③ 소화되지 못한 물질의 부패가 일어난다.
④ 섬유소가 완전 소화되어 정장작용을 한다.

답안 표기란

42	① ② ③ ④
43	① ② ③ ④
44	① ② ③ ④
45	① ② ③ ④
46	① ② ③ ④
47	① ② ③ ④
48	① ② ③ ④

49 탄수화물, 지방과 비교할 때 단백질만이 갖는 특징적인 구성 성분은?

① 탄소 ② 수소
③ 산소 ④ 질소

50 식품을 태웠을 때 재로 남는 성분은?

① 유기질 ② 무기질
③ 단백질 ④ 비타민

51 유지의 산패 정도를 나타내는 값이 아닌 것은?

① 산가 ② 요오드가
③ 아세틸가 ④ 과산화물가

52 식품조리 및 취급과정 중 교차오염이 발생하는 경우와 거리가 먼 것은?

① 씻지 않은 손으로 샌드위치 만들기
② 생고기를 자른 가위로 냉면 면발 자르기
③ 생선 다듬던 도마로 샐러드용 채소 썰기
④ 반죽에 생고구마 조각을 얹어 쿠키 굽기

53 주기적으로 열이 반복되어 나타나므로 파상열이라고 불리는 인수공통감염병은?

① Q열 ② 결핵
③ 브루셀라병 ④ 돈단독

54 대장에 기생하며 항문 주위에 산란하여 항문 주위에 소양증을 일으키는 기생충은 무엇인가?

① 요충 ② 회충
③ 편충 ④ 구충

답안 표기란

49	① ② ③ ④
50	① ② ③ ④
51	① ② ③ ④
52	① ② ③ ④
53	① ② ③ ④
54	① ② ③ ④

55 **발효가 부패와 다른 점은?**

① 미생물이 작용한다.
② 생산물을 식용으로 한다.
③ 단백질의 변화반응이다.
④ 성분의 변화가 일어난다.

56 **부패를 판정하는 방법으로 사람에 의한 관능 검사를 실시할 때 검사하는 항목이 아닌 것은?**

① 색　② 맛
③ 냄새　④ 균수

57 **다음 중 사용이 허가되지 않은 유해감미료는?**

① 사카린(saccharin)　② 아스파탐(aspartame)
③ 소르비톨(sorbitol)　④ 둘신(dulcin)

58 **세균의 대표적인 3가지 형태 분류에 포함되지 않는 것은?**

① 구균(coccus)　② 나선균(spirillum)
③ 간균(bacillus)　④ 페니실린균(penicillium)

59 **식품 내의 수분을 감소시키는 방법이 아닌 것은?**

① 건조　② 농축
③ 염장　④ 탈수

60 **다음 세균성 식중독 중 일반적으로 치사율이 가장 높은 것은?**

① 살모넬라균에 의한 식중독
② 보툴리누스균에 의한 식중독
③ 장염 비브리오균에 의한 식중독
④ 포도상구균에 의한 식중독

답안 표기란

55	①	②	③	④
56	①	②	③	④
57	①	②	③	④
58	①	②	③	④
59	①	②	③	④
60	①	②	③	④

제빵기능사 필기 빈출 문제 ❸

수험번호 :

수험자명 : 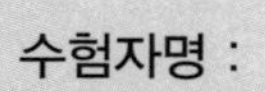

제한 시간 : 60분
남은 시간 : 60분

QR코드를 스캔하면 스마트폰을 활용한
모바일 모의고사를 이용할 수 있습니다.

전체 문제 수 : 60
안 푼 문제 수 :

답안 표기란

1 ① ② ③ ④
2 ① ② ③ ④
3 ① ② ③ ④
4 ① ② ③ ④

1 **1차 발효 중에 펀치를 하는 이유는?**

① 반죽의 온도를 높이기 위해
② 이스트를 활성화시키기 위해
③ 효소를 불활성화시키기 위해
④ 탄산가스 축적을 증가시키기 위해

2 **식빵 제조 시 과도한 부피의 제품이 되는 원인은?**

① 소금량의 부족　② 오븐 온도가 높음
③ 배합수의 부족　④ 미숙성 소맥분

3 **500g짜리 완제품 식빵 500개를 주문받았다. 총 배합률은 190%이고, 발효 손실은 2%, 굽기 손실은 10%일 때 20kg짜리 밀가루는 몇 포대 필요한가?**

① 6포대　② 7포대
③ 8포대　④ 9포대

4 **건포도 식빵을 만들 때 건포도를 전처리하는 목적이 아닌 것은?**

① 수분을 제거하여 건포도의 보존성을 높인다.
② 제품 내에서의 수분 이동을 억제한다.
③ 건포도의 풍미를 되살린다.
④ 씹는 촉감을 개선한다.

답안 표기란

5 ① ② ③ ④
6 ① ② ③ ④
7 ① ② ③ ④
8 ① ② ③ ④
9 ① ② ③ ④
10 ① ② ③ ④

5 **갓 구워낸 빵을 식혀 상온으로 낮추는 냉각에 관한 설명으로 틀린 것은?**

① 빵 속의 온도를 35~40℃로 낮추는 것이다.
② 곰팡이 및 기타 균의 피해를 막는다.
③ 절단, 포장을 용이하게 한다.
④ 수분 함량을 25%로 낮추는 것이다.

6 **제빵용 밀가루의 적정 손상전분의 함량은?**

① 1.5~3%　② 4.5~8%
③ 11.5~14%　④ 15.5~17%

7 **불란서빵 제조 시 스팀 주입이 많을 경우 생기는 현상은?**

① 껍질이 바삭바삭하다.
② 껍질이 벌어진다.
③ 질긴 껍질이 된다.
④ 균열이 생긴다.

8 **다음 중 냉동, 냉장, 해동, 2차 발효를 프로그래밍에 의해 자동적으로 조절하는 기계는?**

① 스파이럴 믹서　② 도우 컨디셔너
③ 로타리 래크 오븐　④ 모레르식 락크 발효실

9 **다음 중 식빵의 껍질색이 너무 옅은 결점의 원인은?**

① 연수 사용　② 설탕 사용 과다
③ 과도한 굽기　④ 과도한 믹싱

10 **식빵의 일반적인 비용적은?**

① $0.36cm^3/g$　② $1.36cm^3/g$
③ $3.36cm^3/g$　④ $5.36cm^3/g$

11 빵류제품용 팬기름에 대한 설명으로 틀린 것은?

① 종류에 상관없이 발연점이 낮아야 한다.
② 백색 광유(mineral oil)도 사용된다.
③ 정제라드, 식물유, 혼합유도 사용된다.
④ 과다하게 칠하면 밑껍질이 두껍고 어둡게 된다.

12 1인당 생산가치는 생산가치를 무엇으로 나누어 계산하는가?

① 인원수
② 시간
③ 임금
④ 원재료비

13 냉동반죽을 만들 때 정상반죽에서의 양보다 증가시키는 것은?

① 물
② 소금
③ 이스트
④ 환원제

14 최종제품의 부피가 정상보다 클 경우의 원인이 아닌 것은?

① 2차 발효의 과다
② 소금 사용량 과다
③ 분할량 과다
④ 낮은 오븐 온도

15 식빵 밑바닥이 움푹 패이는 결점에 대한 원인이 아닌 것은?

① 굽는 처음 단계에서 오븐열이 너무 낮았을 경우
② 바닥 양면에 구멍이 없는 팬을 사용한 경우
③ 반죽기의 회전속도가 느려 반죽이 언더믹스 된 경우
④ 2차 발효를 너무 초과했을 경우

16 제빵 배합률 작성 시 베이커스 퍼센트(Baker's %)에서 기준이 되는 재료는?

① 설탕
② 물
③ 밀가루
④ 유지

답안 표기란

11	①	②	③	④
12	①	②	③	④
13	①	②	③	④
14	①	②	③	④
15	①	②	③	④
16	①	②	③	④

답안 표기란
17 ① ② ③ ④
18 ① ② ③ ④
19 ① ② ③ ④
20 ① ② ③ ④
21 ① ② ③ ④
22 ① ② ③ ④

17 빵의 제품평가에서 브레이크와 슈레드 부족현상의 이유가 아닌 것은?

① 발효시간이 짧거나 길었다.
② 오븐의 온도가 높았다.
③ 2차 발효실의 습도가 낮았다.
④ 오븐의 증기가 너무 많았다.

18 빵을 포장하려 할 때 가장 적합한 빵의 중심 온도와 수분 함량은?

① 30℃, 30%　② 35℃, 38%
③ 42℃, 45%　④ 48℃, 55%

19 글루텐을 형성하는 단백질 중 수용성 단백질은?

① 글리아딘　② 글루테닌
③ 메소닌　④ 글로불린

20 분할기에 의한 식빵 분할은 최대 몇 분 이내에 완료하는 것이 가장 적합한가?

① 20분　② 30분
③ 40분　④ 50분

21 빵의 노화 방지에 유효한 첨가물은?

① 이스트 푸드　② 산성탄산나트륨
③ 모노글리세리드　④ 탄산암모늄

22 냉동제법에서 믹싱 다음 단계의 공정은?

① 1차 발효　② 분할
③ 해동　④ 2차 발효

23 빵류제품의 생산 시 고려해야 할 원가요소와 가장 거리가 먼 것은?

① 재료비 ② 노무비
③ 경비 ④ 학술비

24 ppm을 나타낸 것으로 옳은 것은?

① g당 중량 백분율 ② g당 중량 만분율
③ g당 중량 십만분율 ④ g당 중량 백만분율

25 일반적인 생이스트의 적장한 저장온도는?

① −15℃ ② −10~−5℃
③ 0~5℃ ④ 15~20℃

26 제빵에 가장 적합한 물의 광물질 함량은?

① 1~60ppm ② 60~120ppm
③ 120~180ppm ④ 180ppm 이상

27 아밀로펙틴이 요오드 정색 반응에서 나타나는 색은?

① 적자색 ② 청색
③ 황색 ④ 흑색

28 반죽의 신장성과 신장에 대한 저항성을 측정하는 기기는?

① 패리노그래프 ② 레오퍼멘토에터
③ 믹서트론 ④ 익스텐소그래프

29 마가린에 대한 설명 중 틀린 것은?

① 지방 함량이 80% 이상이다.
② 유지원료는 동물성과 식물성이 있다.
③ 버터 대용품으로 사용된다.
④ 순수 유지방만을 사용했다.

답안 표기란

23 ① ② ③ ④
24 ① ② ③ ④
25 ① ② ③ ④
26 ① ② ③ ④
27 ① ② ③ ④
28 ① ② ③ ④
29 ① ② ③ ④

30 다음 중 우유가공품과 거리가 먼 것은?

① 치즈 ② 마요네즈
③ 연유 ④ 생크림

31 탈지분유 성분 중 가장 많은 것은?

① 유당 ② 단백질
③ 회분 ④ 지방

32 달걀의 난황계수를 측정한 결과가 다음과 같을 때 가장 신선하지 않은 것은?

① 0.1 ② 0.2
③ 0.3 ④ 0.4

33 우유 중에 함유되어 있는 유당의 평균 함량은?

① 0.8% ② 4.8%
③ 10.8% ④ 15.8%

34 압착효모(생이스트)의 일반적인 고형분 함량은?

① 10% ② 30%
③ 50% ④ 60%

35 빵류제품 제조 시 연수를 사용할 경우 적절한 조치는?

① 끓여서 여과 ② 약산 처리
③ 이스트 푸드량 증가 ④ 소금량 감소

36 다음 중 일반 식염을 구성하는 대표적인 원소는?

① 나트륨, 염소 ② 칼슘, 탄소
③ 마그네슘, 염소 ④ 칼륨, 탄소

답안 표기란	
30	① ② ③ ④
31	① ② ③ ④
32	① ② ③ ④
33	① ② ③ ④
34	① ② ③ ④
35	① ② ③ ④
36	① ② ③ ④

답안 표기란	
37	① ② ③ ④
38	① ② ③ ④
39	① ② ③ ④
40	① ② ③ ④
41	① ② ③ ④
42	① ② ③ ④

37 **검류에 대한 설명으로 틀린 것은?**

① 유화제, 안정제, 점착제 등으로 사용된다.
② 낮은 온도에서도 높은 점성을 나타낸다.
③ 무기질과 단백질로 구성되어 있다.
④ 친수성 물질이다.

38 **패리노그래프에 의한 측정으로 알 수 있는 반죽 특성과 거리가 먼 것은?**

① 반죽 형성시간
② 반죽의 흡수
③ 반죽의 내구성
④ 반죽의 효소력

39 **우유에 산을 넣으면 응고물이 생기는데 이 응고물의 주체는?**

① 유당
② 레닌
③ 카제인
④ 유지방

40 **다음에서 이스트의 영양원이 되는 물질은?**

① 인산칼슘
② 소금
③ 황산암모늄
④ 브롬산칼륨

41 **콜레스테롤에 관한 설명 중 잘못된 것은?**

① 담즙의 성분이다.
② 비타민 D_3의 전구체가 된다.
③ 탄수화물 중 다당류에 속한다.
④ 다량 섭취 시 동맥경화의 원인 물질이 된다.

42 **생리기능의 조절작용을 하는 영양소는?**

① 탄수화물, 지방질
② 탄수화물, 단백질
③ 지방질, 단백질
④ 무기질, 비타민

43 유당분해효소결핍증(유당불내증)의 일반적인 증세가 아닌 것은?

① 복부경련　② 설사
③ 발진　④ 메스꺼움

44 지질의 대사산물이 아닌 것은?

① 물　② 수소
③ 이산화탄소　④ 에너지

45 비타민과 관련된 결핍증의 연결이 틀린 것은?

① 비타민 A–야맹증
② 비타민 B_1–구내염
③ 비타민 C–괴혈병
④ 비타민 D–구루병

46 체내에서 사용한 단백질은 주로 어떤 경로를 통해 배설되는가?

① 호흡　② 소변
③ 대변　④ 피부

47 우유 100g 중에 당질 5g, 단백질 3.5g, 지방 3.7g이 함유되어 있다면 이때 얻어지는 열량은?

① 약 47kcal　② 약 67kcal
③ 약 87kcal　④ 약 107kcal

48 다음 중 알코올이 주로 흡수되는 곳은?

① 구강　② 식도
③ 위　④ 대장

답안 표기란
43 ① ② ③ ④
44 ① ② ③ ④
45 ① ② ③ ④
46 ① ② ③ ④
47 ① ② ③ ④
48 ① ② ③ ④

49 **수분의 필요량을 증가시키는 요인이 아닌 것은?**

① 장기간의 구토, 설사, 발열
② 지방이 많은 음식을 먹은 경우
③ 수술, 출혈, 화상
④ 알코올 또는 카페인의 섭취

50 **단당류 3~10개로 구성된 당으로, 장내의 비피더스균 증식을 활발하게 하는 당은?**

① 올리고당 ② 고과당
③ 물엿 ④ 이성화당

51 **모기를 매개체로 감염되는 질병이 아닌 것은?**

① 말라리아 ② 일본뇌염
③ 페스트 ④ 황열

52 **미생물이 작용하여 식품을 흑변시켰다. 다음 중 흑변물질과 가장 관계가 깊은 것은?**

① 암모니아 ② 메탄
③ 황화수소 ④ 아민

53 **미호기성 세균으로 3~6%의 산소에서만 생장하는 세균성 식중독은 무엇인가?**

① 캄필로박터 제주니 ② 로프균
③ 리스테리아균 ④ 아리조나균

54 **유해한 합성 착색료는?**

① 수용성 안나트 ② 베타 카로틴
③ 이산화티타늄 ④ 아우라민

답안 표기란

49	① ② ③ ④
50	① ② ③ ④
51	① ② ③ ④
52	① ② ③ ④
53	① ② ③ ④
54	① ② ③ ④

55 식품첨가물의 구비 조건이 아닌 것은?

① 인체에 유해한 영향을 미치지 않을 것
② 식품의 영양가를 유지할 것
③ 식품에 나쁜 이화학적 변화를 주지 않을 것
④ 소량으로는 충분한 효과가 나타나지 않을 것

56 일정한 조건하에서 실험동물의 50%를 사망시키는 물질의 양을 무엇이라 하는가?

① ADI　② LD_{50}
③ GRAS　④ TDI

57 클로스트리디움 보툴리늄 식중독과 관련 있는 것은?

① 화농성 질환의 대표균
② 저온살균 처리로 예방
③ 내열성 포자 형성
④ 감염형 식중독

58 미생물 없이 발생되는 식품의 변화는 무엇인가?

① 발효　② 산패
③ 부패　④ 변패

59 다음 중 제2급 법정감염병은?

① 결핵　② 페스트
③ 말라리아　④ 야토병

60 밀가루의 표백과 숙성을 위하여 사용하는 첨가물은?

① 개량제　② 유화제
③ 정착제　④ 팽창제

답안 표기란	
55	① ② ③ ④
56	① ② ③ ④
57	① ② ③ ④
58	① ② ③ ④
59	① ② ③ ④
60	① ② ③ ④

정답 및 해설 부록 16p

제빵기능사 필기 빈출 문제 ❹

수험번호 :

수험자명 :

제한 시간 : 60분
남은 시간 : 60분

QR코드를 스캔하면 스마트폰을 활용한 모바일 모의고사를 이용할 수 있습니다.

전체 문제 수 : 60
안 푼 문제 수 :

답안 표기란

1 ① ② ③ ④
2 ① ② ③ ④
3 ① ② ③ ④
4 ① ② ③ ④

1 냉동반죽법의 재료 준비에 대한 사항 중 틀린 것은?

① 저장온도는 −5℃가 적합하다.
② 노화방지제를 소량 사용한다.
③ 반죽은 조금 되게 한다.
④ 크로와상 등의 제품에 이용된다.

2 표준 식빵의 재료 사용 범위로 부적합한 것은?

① 설탕 0~8%
② 생이스트 1.5~5%
③ 소금 5~10%
④ 유지 0~5%

3 이스트의 사멸로 가스 발생력, 보유력이 떨어지며 환원성 물질이 나와 반죽이 끈적거리고 퍼지기 쉬운 단점을 지닌 제빵법은?

① 냉동반죽법
② 호프종법
③ 연속식 제빵법
④ 액체 발효법

4 어느 제과점의 지난 달 생산 실적이 다음과 같은 경우 노동분배율은?

보기
- 외부가치 600만 원
- 생산가치 3,000만 원
- 인건비 1,500만 원
- 총 인원 10명

① 50%
② 45%
③ 55%
④ 60%

5 연속식 제빵법을 사용하는 장점과 가장 거리가 먼 것은?

① 인력의 감소
② 발효향의 증가
③ 공장 면적과 믹서 등 설비의 감소
④ 발효 손실의 감소

6 2차 발효의 상대습도를 가장 낮게 하는 제품은?

① 옥수수 식빵 ② 데니시 페이스트리
③ 우유 식빵 ④ 팥앙금빵

7 빵의 부피가 너무 작은 경우 어떻게 조치하면 좋은가?

① 발효시간을 증가시킨다.
② 1차 발효를 감소시킨다.
③ 분할 무게를 감소시킨다.
④ 팬 기름칠을 넉넉하게 증가시킨다.

8 반죽을 믹싱(mixing)할 때 원료가 균일하게 혼합되고 글루텐의 구조가 형성되기 시작하는 단계는?

① 픽업 단계(pick up stage)
② 발전 단계(development stage)
③ 클린업 단계(clean up stage)
④ 렛 다운 단계(let down stage)

9 과발효된(over proof) 반죽으로 만들어진 제품의 결함이 아닌 것은?

① 조직이 거칠다.
② 식감이 건조하고 단단하다.
③ 내부에 구멍이나 터널 현상이 나타난다.
④ 제품의 발효향이 약하다.

답안 표기란	
5	① ② ③ ④
6	① ② ③ ④
7	① ② ③ ④
8	① ② ③ ④
9	① ② ③ ④

10 25℃에서 반죽의 흡수율이 61%일 때 반죽의 온도를 30℃으로 하면 흡수율은 얼마가 되겠는가?

① 55% ② 58%
③ 62% ④ 65%

11 성형공정의 방법이 순서대로 옳게 나열된 것은?

① 반죽 → 중간발효 → 분할 → 둥글리기 → 정형
② 분할 → 둥글리기 → 중간발효 → 정형 → 팬닝
③ 둥글리기 → 중간발효 → 정형 → 팬닝 → 2차 발효
④ 중간발효 → 정형 → 팬닝 → 2차 발효 → 굽기

12 제빵 공장에서 3명의 작업자가 10시간에 식빵 400개, 케이크 50개, 모카빵 200개를 만들고 있다. 1시간에 직원 1인에게 시간당 지급되는 비용이 1,000원이라 할 때, 평균적으로 제품의 개당 노무비는 약 얼마인가?

① 46원 ② 54원
③ 60원 ④ 73원

13 냉동반죽법에서 동결방식으로 적합한 것은?

① 완만 동결법 ② 지연 동결법
③ 오버나이트법 ④ 급속 동결법

14 밀가루 성분 중 함량이 많을수록 노화가 지연되지 않는 것은?

① 수분 ② 단백질
③ 비수용성 펜토산 ④ 아밀로오스

답안 표기란

10	①	②	③	④
11	①	②	③	④
12	①	②	③	④
13	①	②	③	④
14	①	②	③	④

15 다음의 빵 제품 중 일반적으로 반죽의 되기가 가장 된 것은?

① 피자도우 ② 잉글리쉬 머핀
③ 단과자빵 ④ 팥앙금빵

16 다음 중 팬닝에 대한 설명으로 틀린 것은?

① 반죽의 이음매가 틀의 바닥으로 놓이게 한다.
② 철판의 온도를 60℃로 맞춘다.
③ 반죽은 적정 분할량을 넣는다.
④ 비용적의 단위는 cm^3/g이다.

17 빵의 노화를 지연시키는 경우가 아닌 것은?

① 저장 온도를 −18℃ 이하로 유지한다.
② 21~35℃에서 보관한다.
③ 고율배합으로 한다.
④ 냉장고에서 보관한다.

18 액체 발효법(액종법)에 대한 설명으로 옳은 것은?

① 균일한 제품생산이 어렵다.
② 발효 손실에 따른 생산 손실을 줄일 수 있다.
③ 공간 확보와 설비비가 많이 든다.
④ 한 번에 많은 양을 발효시킬 수 없다.

19 다음과 같은 조건상 스펀지 반죽법(sponge and dough method)에서 사용할 물의 온도는?

> **보기**
> - 희망 반죽 온도 : 26℃
> - 마찰계수 : 20
> - 실내온도 : 26℃
> - 스펀지 반죽 온도 : 28℃
> - 밀가루 온도 : 21℃

① 19℃ ② 9℃
③ −21℃ ④ 35℃

답안 표기란	
15	① ② ③ ④
16	① ② ③ ④
17	① ② ③ ④
18	① ② ③ ④
19	① ② ③ ④

20 다음 중 빵 반죽의 발효에 속하는 것은?

① 낙산 발효　② 뷔페 발효
③ 알코올 발효　④ 초산 발효

21 소규모 베이커리용으로 가장 많이 사용되며 반죽을 넣는 입구와 제품을 꺼내는 출구가 같은 오븐은?

① 컨벡션 오븐　② 터널 오븐
③ 릴 오븐　④ 데크 오븐

22 다음의 당류 중에서 상대적 감미도가 두 번째로 큰 것은?

① 과당　② 설탕
③ 포도당　④ 맥아당

23 피자 제조 시 많이 사용하는 향신료는?

① 넛매그　② 오레가노
③ 박하　④ 계피

24 글루텐을 형성하는 단백질은?

① 알부민, 글리아딘　② 알부민, 글로불린
③ 글루테닌, 글리아딘　④ 글루테닌, 글로불린

25 달걀 흰자의 약 13%를 차지하며 철과의 결합 능력이 강해서 미생물이 이용하지 못하는 항 세균 물질은?

① 오브알부민(ovalbumin)
② 콘알부민(conalbumin)
③ 오보뮤코이드(ovomucoid)
④ 아비딘(avidin)

답안 표기란

20	①	②	③	④
21	①	②	③	④
22	①	②	③	④
23	①	②	③	④
24	①	②	③	④
25	①	②	③	④

26 **우유 중 제품의 껍질색을 개선시켜 주는 성분은?**

① 유당
② 칼슘
③ 유지방
④ 광물질

27 **가스 발생력에 영향을 주는 요소에 대한 설명으로 틀린 것은?**

① 포도당, 자당, 과당, 맥아당 등 당의 양과 가스 발생력 사이의 관계는 당량 3~5%까지 비례하다가 그 이상이 되면 가스 발생력이 약해져 발효시간이 길어진다.
② 반죽 온도가 높을수록 가스 발생력은 커지고 발효시간은 짧아진다.
③ 반죽이 산성을 띨수록 가스 발생력이 커진다.
④ 이스트양과 가스 발생력은 반비례하고, 이스트양과 발효시간은 비례한다.

28 **다음 중 쇼트닝을 몇 % 정도 사용했을 때 빵 제품의 최대 부피를 얻을 수 있는가?**

① 2%
② 4%
③ 8%
④ 12%

29 **다음 중 단일불포화지방산은?**

① 올레산
② 팔미트산
③ 리놀렌산
④ 아라키돈산

30 **제빵에 적합한 물의 경도는?**

① 0~60ppm
② 60~120ppm
③ 120~180ppm
④ 180ppm 이상

31 **밀가루 중에 포함된 α-amylase의 활성도를 측정하는 것은?**

① 아밀로그래프
② 믹서트론
③ 익스텐소그래프
④ 믹소그래프

답안 표기란	
26	① ② ③ ④
27	① ② ③ ④
28	① ② ③ ④
29	① ② ③ ④
30	① ② ③ ④
31	① ② ③ ④

32 다음 중 알코올(sugar alcohol)이 아닌 것은?

① 자일리톨 ② 솔비톨
③ 갈락티톨 ④ 글리세롤

33 섬유소(cellulose)를 완전하게 가수분해하면 어떤 물질로 분해되는가?

① 포도당(glucose) ② 설탕(sucrose)
③ 아밀로오스(amylose) ④ 맥아당(maltose)

34 지방은 무엇이 축합되어 만들어지는가?

① 지방산과 글리세롤
② 지방산과 올레인산
③ 지방산과 리놀렌산
④ 지방산과 팔미틴산

35 다음 중 아미노산을 구성하는 주된 원소가 아닌 것은?

① 탄소(C) ② 수소(H)
③ 질소(N) ④ 규소(Si)

36 이스트에 함유되어 있는 효소 중에서 지방을 지방산과 글리세린으로 분해하는 효소는?

① 프로테아제(protease) ② 리파아제(lipase)
③ 인버타아제(invertase) ④ 말타아제(maltase)

37 빵 발효에 관련되는 효소로서 포도당을 분해하는 효소는?

① 아밀라아제 ② 말타아제
③ 찌마아제 ④ 리파아제

답안 표기란

32	①	②	③	④
33	①	②	③	④
34	①	②	③	④
35	①	②	③	④
36	①	②	③	④
37	①	②	③	④

38 이스트 푸드의 기능과 거리가 먼 것은?

① 물 조절제 ② 이스트 조절제
③ 껍질 조절제 ④ 반죽 조절제

39 단순단백질이 아닌 것은?

① 프롤라민 ② 헤모글로빈
③ 글로불린 ④ 알부민

40 다음 중 포화지방산을 가장 많이 함유하고 있는 식품은?

① 올리브유 ② 버터
③ 콩기름 ④ 홍화유

41 탄수화물 식품 중 동물성 급원인 것은?

① 곡류 ② 두류
③ 유즙류 ④ 감자류

42 어떤 분유 100g의 질소함량이 4g이라면 분유 100g은 약 몇 g의 단백질을 함유하고 있는가?(단, 단백질 중 질소함량은 16%)

① 5g ② 15g
③ 25g ④ 35g

43 다음 중 비타민 K와 관계가 있는 것은?

① 근육 긴장 ② 혈액 응고
③ 자극 전달 ④ 노화 방지

답안 표기란

38	①	②	③	④
39	①	②	③	④
40	①	②	③	④
41	①	②	③	④
42	①	②	③	④
43	①	②	③	④

44 총 원가는 어떻게 구성되는가?

① 제조 원가+판매비+일반 관리비
② 직접 재료비+직접 노무비+판매비
③ 제조 원가+이익
④ 직접 원가+일반 관리비

45 "태양광선 비타민"이라고도 불리며 자외선에 의해 체내에서 합성되는 비타민은?

① 비타민 A ② 비타민 B
③ 비타민 C ④ 비타민 D

46 유당불내증이 있는 사람에게 적합한 식품은?

① 우유 ② 크림소스
③ 요구르트 ④ 크림스프

47 빵 반죽용 믹서의 부대 기구가 아닌 것은?

① 훅 ② 스크래퍼
③ 비터 ④ 휘퍼

48 단백질 효율(PER)은 무엇을 측정하는 것인가?

① 단백질의 질 ② 단백질의 열량
③ 단백질의 양 ④ 아미노산 구성

49 빵류·과자류제품 제조 시 사용되는 버터에 포함된 지방의 기능이 아닌 것은?

① 에너지의 급원식품이다.
② 체온유지에 관여한다.
③ 항체를 생성하고 효소를 만든다.
④ 음식에 맛과 향미를 준다.

답안 표기란

44	①	②	③	④
45	①	②	③	④
46	①	②	③	④
47	①	②	③	④
48	①	②	③	④
49	①	②	③	④

50 다음 중 비타민 D의 전구물질로 프로비타민 D로 불리는 것은?

① 프로게스테론 ② 에르고스테론
③ 시토스테롤 ④ 스티그마스테롤

51 식품첨가물의 규격과 사용기준을 정하는 자는?

① 식품의약품안전처장 ② 국립보건원장
③ 시, 도 보건연구소장 ④ 시, 군 보건소장

52 다음 중 항히스타민제 복용으로 치료되는 식중독은?

① 살모넬라 식중독 ② 알레르기성 식중독
③ 병원성 대장균 식중독 ④ 장염 비브리오 식중독

53 다음 중 아플라톡신을 생산하는 미생물은?

① 효모 ② 세균
③ 바이러스 ④ 곰팡이

54 살균이 불충분한 육류 통조림으로 인해 식중독이 발생했을 경우, 가장 관련이 깊은 식중독균은?

① 살모넬라균 ② 시겔라균
③ 황색 포도상구균 ④ 보툴리누스균

55 식품의 변질에 관여하는 요인과 거리가 먼 것은?

① pH ② 압력
③ 수분 ④ 산소

답안 표기란				
50	①	②	③	④
51	①	②	③	④
52	①	②	③	④
53	①	②	③	④
54	①	②	③	④
55	①	②	③	④

56 **곰팡이의 일반적인 특성으로 틀린 것은?**

① 광합성능이 있다.
② 주로 무성포자에 의해 번식한다.
③ 진핵세포를 가진 다세포 미생물이다.
④ 분류학상 진균류에 속한다.

57 **다음 중 분변소독에 가장 적합한 것은?**

① 생석회 ② 약용비누
③ 과산화수소 ④ 표백분

58 **사람과 동물이 같은 병원체에 의하여 발생되는 감염병과 거리가 먼 것은?**

① 탄저병 ② 결핵
③ 동양모양선충 ④ 브루셀라증

59 **다음 중 감염형 식중독이 아닌 것은?**

① 살모넬라 식중독 ② 병원성 대장균 식중독
③ 장염 비브리오 식중독 ④ 포도상구균 식중독

60 **다음 중 채소를 통해 감염되는 기생충은?**

① 광절열두조충 ② 선모충
③ 회충 ④ 폐흡충

답안 표기란	
56	① ② ③ ④
57	① ② ③ ④
58	① ② ③ ④
59	① ② ③ ④
60	① ② ③ ④

정답 및 해설 부록 21p

제빵기능사 필기 빈출 문제 ❺

수험번호 :

수험자명 :

제한 시간 : 60분
남은 시간 : 60분

QR코드를 스캔하면 스마트폰을 활용한 모바일 모의고사를 이용할 수 있습니다.

전체 문제 수 : 60
안 푼 문제 수 :

1 빵제품의 제조 공정에 대한 설명으로 올바르지 않은 것은?

① 반죽은 무게 또는 부피에 의하여 분할한다.
② 둥글리기에서 과다한 덧가루를 사용하면 제품에 줄무늬가 생성된다.
③ 중간발효시간은 보통 10~20분이며, 27~29℃에서 실시한다.
④ 성형은 반죽을 일정한 형태로 만드는 1단계 공정으로 이루어져 있다.

2 단과자빵 제조에서 일반적인 이스트의 사용량은?

① 0.1~1% ② 3~7%
③ 8~10% ④ 12~14%

3 제빵 과정에서 2차 발효가 덜 된 경우에 나타나는 현상은?

① 기공이 거칠다.
② 부피가 작아진다.
③ 브레이크와 슈레드가 부족하다.
④ 빵 속 색깔이 회색같이 어둡다.

4 식빵에서 설탕의 기능과 가장 거리가 먼 것은?

① 반죽시간 단축 ② 이스트의 영양 공급
③ 껍질색 개선 ④ 수분 보유제

5 빵을 구워낸 직후의 수분 함량과 냉각 후 포장 직전의 수분 함량으로 가장 적합한 것은?

① 35%, 27% ② 45%, 38%
③ 60%, 52% ④ 68%, 60%

답안 표기란

1	① ② ③ ④
2	① ② ③ ④
3	① ② ③ ④
4	① ② ③ ④
5	① ② ③ ④

6 베이커스(Baker's) 퍼센트에 대한 설명으로 맞는 것은?

① 전체 재료의 양을 100%로 하는 것이다.
② 물의 양을 100%로 하는 것이다.
③ 밀가루의 양을 100%로 하는 것이다.
④ 물과 밀가루의 합을 100%로 하는 것이다.

7 반죽의 수분 흡수와 믹싱시간에 공통적으로 영향을 주는 재료가 아닌 것은?

① 밀가루의 종류 ② 설탕 사용량
③ 분유 사용량 ④ 이스트 푸드 사용량

8 오랜 시간 발효 과정을 거치지 않고 혼합 후 정형하여 2차 발효를 하는 제빵법은?

① 재반죽법 ② 스트레이트법
③ 노타임법 ④ 스펀지법

9 식빵의 옆면이 쑥 들어간 원인으로 옳은 것은?

① 믹서의 속도가 너무 높았다.
② 팬 용적에 비해 반죽양이 너무 많았다.
③ 믹싱 시간이 너무 길었다.
④ 2차 발효가 부족했다.

10 빵 제품의 껍질색이 연한 원인 설명으로 거리가 먼 것은?

① 1차 발효 과다 ② 낮은 오븐 온도
③ 덧가루 사용 과다 ④ 고율배합

11 데니시 페이스트리에 사용하는 유지에서 가장 중요한 성질은?

① 유화성 ② 가소성
③ 안정성 ④ 크림성

답안 표기란

6	① ② ③ ④
7	① ② ③ ④
8	① ② ③ ④
9	① ② ③ ④
10	① ② ③ ④
11	① ② ③ ④

12 빵류제품 생산의 원가를 계산하는 목적으로만 연결된 것은?

① 순이익과 총 매출의 계산
② 이익계산, 가격결정, 원가관리
③ 노무비, 재료비, 경비 산출
④ 생산량관리, 재고관리, 판매관리

13 분할을 할 때 반죽의 손상을 줄일 수 있는 방법이 아닌 것은?

① 스트레이트법보다 스펀지법으로 반죽한다.
② 반죽 온도를 높인다.
③ 단백질 양이 많은 질 좋은 밀가루로 만든다.
④ 가수량이 최적인 상태의 반죽을 만든다.

14 다음 재료 중 식빵 제조 시 반죽 온도에 가장 큰 영향을 주는 것은?

① 설탕 ② 밀가루
③ 소금 ④ 반죽개량제

15 반죽이 팬 또는 용기에 가득 차는 성질과 관련된 것은?

① 흐름성 ② 가소성
③ 탄성 ④ 점탄성

16 빵 반죽을 정형기에 통과시켰을 때 아령 모양으로 되었다면 정형기의 압력 상태는?

① 압력이 강하다.
② 압력이 약하다.
③ 압력이 적당하다.
④ 압력과는 관계 없다.

17 빵 제품에서 볼 수 있는 노화현상이 아닌 것은?

① 맛과 향의 증진 ② 조직의 경화
③ 전분의 결정화 ④ 소화율의 저하

답안 표기란

12	① ② ③ ④
13	① ② ③ ④
14	① ② ③ ④
15	① ② ③ ④
16	① ② ③ ④
17	① ② ③ ④

18 액체 발효법에서 가장 정확한 발효점 측정법은?

① 부피의 증가도 측정
② 거품의 상태 측정
③ 산도 측정
④ 액의 색 변화 측정

19 보통 반죽에서 이스트를 2.5% 사용하였다면 냉동반죽에서의 이스트 사용량은?

① 1.5%　　② 2.5%
③ 5%　　④ 10%

20 분할기에 의한 기계식 분할 시 분할의 기준이 되는 것은?

① 무게　　② 모양
③ 배합률　　④ 부피

21 반죽을 팬에 넣기 전에 팬에서 제품이 잘 떨어지게 하기 위하여 이형유를 사용하는데 그 설명으로 틀린 것은?

① 이형유는 발연점이 높은 것을 사용해야 한다.
② 이형유는 고온이나 산패에 안정해야 한다.
③ 이형유의 사용량은 반죽 무게의 5% 정도이다.
④ 이형유의 사용량이 많으면 튀김현상이 나타난다.

22 밀가루 중 밀기울 혼입율의 확정 기준이 되는 것은?

① 지방 함량　　② 섬유질 함량
③ 회분 함량　　④ 비타민 함량

23 이스트 푸드의 구성 성분 중 칼슘염의 주요 기능은?

① 이스트 성장에 필요하다.
② 반죽에 탄성을 준다.
③ 오븐 팽창이 커진다.
④ 물 조절제 역할을 한다.

답안 표기란	
18	① ② ③ ④
19	① ② ③ ④
20	① ② ③ ④
21	① ② ③ ④
22	① ② ③ ④
23	① ② ③ ④

24 **강력분의 특성으로 틀린 것은?**

① 중력분에 비해 단백질 함량이 높다.
② 박력분에 비해 글루텐 함량이 적다.
③ 박력분에 비해 점탄성이 크다.
④ 경질소맥을 원료로 한다.

25 **건조 글루텐에 가장 많이 들어있는 성분은?**

① 단백질 ② 전분
③ 지방 ④ 회분

26 **알파화된 전분을 실온에 방치하면 침전이 생기며 결정이 규칙성을 나타나게 된다. 이와 같은 현상은?**

① 전분의 호화
② 전분의 유화
③ 전분의 노화
④ 전분의 교질화

27 **빵류 · 과자류제품에 사용하는 분유의 기능이 아닌 것은?**

① 갈변 방지 ② 영양소 공급
③ 글루텐 강화 ④ 맛과 향 개선

28 **유지의 가소성은 그 구성 성분 중 주로 어떤 물질의 종류와 양에 의해 결정되는가?**

① 스테롤 ② 트리글리세리드
③ 유리지방산 ④ 토코페롤

29 **우유를 pH 4.6으로 유지하였을 때 응고되는 단백질은?**

① 카제인 ② α-락토알부민
③ β-락토글로불린 ④ 혈청알부민

답안 표기란
24 ① ② ③ ④
25 ① ② ③ ④
26 ① ② ③ ④
27 ① ② ③ ④
28 ① ② ③ ④
29 ① ② ③ ④

30 다음 중 발효시간을 단축시키는 물은?

① 연수　② 경수
③ 염수　④ 알칼리수

31 제빵에서 소금의 역할이 아닌 것은?

① 글루텐을 강화시킨다.
② 유해균의 번식을 억제시킨다.
③ 빵의 내상을 희게 한다.
④ 맛을 조절한다.

32 식물성 안정제가 아닌 것은?

① 젤라틴　② 한천
③ 로커스트빈검　④ 펙틴

33 패리노그래프와 관계가 적은 것은?

① 흡수율 측정　② 믹싱시간 측정
③ 믹싱 내구성 측정　④ 호화 특성 측정

34 빵류·과자류제품에서 유지의 기능이 아닌 것은?

① 흡수율 증가　② 연화 작용
③ 공기포집　④ 보존성 향상

35 튀김 횟수의 증가 시 튀김기름의 변화가 아닌 것은?

① 중합도 증가　② 점도의 감소
③ 산가 증가　④ 과산화물가 증가

36 어느 성분이 달걀흰자에 있어 달걀 제품을 은제품에 담았을 때 검은 색으로 변하게 하는가?

① 요오드　② 아연
③ 유황　④ 인

답안 표기란	
30	① ② ③ ④
31	① ② ③ ④
32	① ② ③ ④
33	① ② ③ ④
34	① ② ③ ④
35	① ② ③ ④
36	① ② ③ ④

37 다음 중 건조이스트 사용 시 균주활력배양을 위한 물의 최적 온도는?

① 0℃ ② 10℃
③ 40℃ ④ 60℃

38 찜을 이용한 제품에 사용되는 팽창제의 특성으로 알맞은 것은?

① 지속성 ② 속효성
③ 지효성 ④ 이중팽창

39 다음 설명 중 빵류제품에 분유를 사용하여야 하는 경우로 가장 적당한 것은?

① 라이신과 칼슘이 부족할 때
② 표피 색깔이 너무 빨리 날 때
③ 디아스타제 대신 사용하고자 할 때
④ 이스트 푸드 대신 사용하고자 할 때

40 빵 반죽의 흡수에 대한 설명으로 잘못된 것은?

① 반죽 온도가 높아지면 흡수율이 감소된다.
② 연수는 경수보다 흡수율이 증가한다.
③ 설탕 사용량이 많아지면 흡수율이 감소된다.
④ 손상전분이 적량 이상이면 흡수율이 증가한다.

41 다음 중 2가지 식품을 섞어서 음식을 만들 때 단백질의 상호 보조 효력이 가장 큰 것은?

① 밀가루와 현미가루 ② 쌀과 보리
③ 시리얼과 우유 ④ 밀가루와 건포도

42 다음 중 식물계에는 존재하지 않는 당은?

① 과당 ② 유당
③ 설탕 ④ 맥아당

답안 표기란

37	①	②	③	④
38	①	②	③	④
39	①	②	③	④
40	①	②	③	④
41	①	②	③	④
42	①	②	③	④

43 다음 중 수용성 비타민에 대한 설명 중 잘못된 것은?

① 결핍증이 서서히 나타난다.
② 소변을 통하여 방출된다.
③ 필요 이상으로 많이 섭취하면 배설된다.
④ 열과 알칼리에 의해 쉽게 파괴된다.

44 다음 중 갑상선 호르몬의 주요 성분인 무기질은?

① 황(S) ② 요오드(I)
③ 염소(Cl) ④ 구리(Cu)

45 제빵 공장에서 5인이 8시간 동안 옥수수식빵 500개, 바게트 550개를 만들었다. 개당 제품의 노무비는 얼마인가?(단, 시간당 노무비는 4,000원이다)

① 132원 ② 142원
③ 152원 ④ 162원

46 우유 1컵(200mL)에 지방이 6g이라면 지방으로부터 얻을 수 있는 열량은?

① 6kcal ② 24kcal
③ 54kcal ④ 120kcal

47 비타민의 결핍 증상이 잘못 짝지어진 것은?

① 비타민 B_1–각기병
② 비타민 C–괴혈병
③ 비타민 B_2–야맹증
④ 나이아신–펠라그라

48 인체의 수분 소요량에 영향을 주는 요인과 가장 거리가 먼 것은?

① 기온 ② 신장의 기능
③ 아밀롭신 ④ 염분의 섭취량

답안 표기란

43	①	②	③	④
44	①	②	③	④
45	①	②	③	④
46	①	②	③	④
47	①	②	③	④
48	①	②	③	④

49 소장에 대한 설명으로 틀린 것은?

① 소장에서는 호르몬이 분비되지 않는다.
② 영양소가 체내로 흡수된다.
③ 길이는 약 6m이며, 대장보다 많은 일을 한다.
④ 췌장과 담낭이 연결되어 있어 소화액이 유입된다.

50 성장기 어린이, 빈혈환자, 임산부 등 생리적 요구가 높을 때 흡수율이 높아지는 영양소는?

① 철분 ② 나트륨
③ 칼륨 ④ 아연

51 간흡충의 제1중간숙주는 무엇인가?

① 다슬기 ② 왜우렁이
③ 크릴새우 ④ 물벼룩

52 경구 감염병의 예방대책으로 잘못된 것은?

① 환자 및 보균자의 발견과 격리
② 음료수의 위생 유지
③ 식품취급자의 개인위생 관리
④ 숙주 감수성 유지

53 오염된 우유를 먹었을 때 발생할 수 있는 인수공통감염병이 아닌 것은?

① 파상열 ② 결핵
③ Q열 ④ 야토병

54 장티푸스 질환을 가장 올바르게 설명한 것은?

① 급성 전신성 열성질환
② 급성 이완성 마비질환
③ 급성 간염 질환
④ 만성 간염 질환

답안 표기란

49	①	②	③	④
50	①	②	③	④
51	①	②	③	④
52	①	②	③	④
53	①	②	③	④
54	①	②	③	④

55 지방의 산패를 촉진하는 인자와 거리가 먼 것은?

① 질소 ② 산소
③ 동 ④ 자외선

56 식품과 부패에 관여하는 주요 미생물의 연결이 옳지 않은 것은?

① 곡류-곰팡이
② 육류-세균
③ 어패류-곰팡이
④ 통조림-포자형성세균

57 식품보존료로서 갖추어야 할 요건으로 적합한 것은?

① 공기, 광선에 안정할 것
② 사용방법이 까다로울 것
③ 일시적으로 효력이 나타날 것
④ 열에 의해 쉽게 파괴될 것

58 산미료로 쓰이지 않는 것은?

① 주석산 ② 사과산
③ 아미노산류 ④ 구연산

59 다음 중 식품위생법에서 정하는 식품접객업에 속하지 않는 것은?

① 식품소분업 ② 유흥주점
③ 제과점 ④ 휴게음식점

60 다음 중 인수공통감염병은?

① 탄저병 ② 콜레라
③ 세균성이질 ④ 장티푸스

답안 표기란	
55	① ② ③ ④
56	① ② ③ ④
57	① ② ③ ④
58	① ② ③ ④
59	① ② ③ ④
60	① ② ③ ④

정답 및 해설 부록 26p

제빵기능사 필기 빈출 문제 ❻

수험번호 :

수험자명 :

제한 시간 : 60분
남은 시간 : 60분

QR코드를 스캔하면 스마트폰을 활용한 모바일 모의고사를 이용할 수 있습니다.

전체 문제 수 : 60
안 푼 문제 수 :

답안 표기란

1	①	②	③	④
2	①	②	③	④
3	①	②	③	④
4	①	②	③	④
5	①	②	③	④

1 성형한 식빵 반죽을 팬에 넣을 때 이음매의 위치는 어느 쪽이 가장 좋은가?

① 위　② 아래
③ 좌측　④ 우측

2 냉동빵 혼합(mixing) 시 흔히 사용하고 있는 제법으로, 환원제로 시스테인(cysteine)을 사용하는 제법은?

① 스트레이트법　② 스펀지법
③ 액체 발효법　④ 노타임법

3 다음 중 빵 굽기의 반응이 아닌 것은?

① 이산화탄소의 방출과 노화를 촉진시킨다.
② 빵의 풍미 및 색깔을 좋게 한다.
③ 제빵 제조 공정의 최종 단계로 빵의 형태를 만든다.
④ 전분의 호화로 식품의 가치를 향상시킨다.

4 다음 중 반죽이 매끈해지고 글루텐이 가장 많이 형성되어 탄력성이 강한 것이 특징이며, 불란서빵 반죽의 믹싱 완료 시기인 단계는?

① 클린업 단계　② 발전 단계
③ 최종 단계　④ 렛다운 단계

5 불란서빵에서 스팀을 사용하는 이유로 부적당한 것은?

① 거칠고 불규칙하게 터지는 것을 방지한다.
② 겉껍질에 광택을 내준다.
③ 얇고 바삭거리는 껍질이 형성되도록 한다.
④ 반죽의 흐름성을 크게 증가시킨다.

6 **스펀지법에 비교해서 스트레이트법의 장점은?**

① 노화가 느리다.
② 발효에 대한 내구성이 좋다.
③ 노동력이 감소된다.
④ 기계에 대한 내구성이 증가한다.

7 **더운 여름에 얼음을 사용하여 반죽 온도 조절 시 계산 순서로 적합한 것은?**

① 마찰계수 → 물 온도 계산 → 얼음 사용량
② 물 온도 계산 → 얼음 사용량 → 마찰계수
③ 얼음 사용량 → 마찰계수 → 물 온도 계산
④ 물 온도 계산 → 마찰계수 → 얼음 사용량

8 **하스 브레드의 종류에 속하지 않는 것은?**

① 불란서빵 ② 베이글빵
③ 비엔나빵 ④ 아이리시빵

9 **굽기 손실에 영향을 주는 요인으로 관계가 가장 적은 것은?**

① 믹싱 시간
② 배합률
③ 제품의 크기와 모양
④ 굽기 온도

10 **중간발효에 대한 설명으로 틀린 것은?**

① 글루텐 구조를 재정돈한다.
② 가스 발생으로 반죽의 유연성을 회복한다.
③ 오버 헤드 프루프(over head proof)라고 한다.
④ 탄력성과 신장성에는 나쁜 영향을 미친다.

답안 표기란

6	① ② ③ ④
7	① ② ③ ④
8	① ② ③ ④
9	① ② ③ ④
10	① ② ③ ④

11 빵 반죽(믹싱) 시 반죽 온도가 높아지는 주 이유는?

① 이스트가 번식하기 때문에
② 원료가 용해되기 때문에
③ 글루텐이 발전하기 때문에
④ 마찰열이 생기기 때문에

12 반죽의 내부 온도가 60℃에 도달하지 않은 상태에서 온도 상승에 따른 이스트의 활동으로 부피의 점진적인 증가가 진행되는 현상은?

① 호화(gelatinization)
② 오븐 스프링(oven spring)
③ 오븐 라이즈(oven rise)
④ 캐러멜화(caramelization)

13 미국식 데니시 페이스트리 제조 시 반죽 무게에 대한 충전용 유지(롤인 유지)의 사용 범위로 가장 적합한 것은?

① 10~15%　② 20~40%
③ 35~39%　④ 45~49%

14 일반적인 스펀지 도우법으로 식빵을 만들 때 도우의 가장 적당한 온도는?

① 17℃　② 27℃
③ 37℃　④ 47℃

15 식빵에서 설탕을 정량보다 많이 사용하였을 때 나타나는 현상은?

① 껍질이 엷고 부드러워진다.
② 발효가 느리고 팬의 흐름성이 많다.
③ 껍질색이 연하며 둥근 모서리를 보인다.
④ 향미가 적으며 속 색이 회색 또는 황갈색을 보인다.

답안 표기란

11	①	②	③	④
12	①	②	③	④
13	①	②	③	④
14	①	②	③	④
15	①	②	③	④

16 빵 90g짜리 520개를 만들기 위해 필요한 밀가루 양은?(제품 배합률 180%, 발효 및 굽기 손실은 무시)

① 10kg ② 18kg
③ 26kg ④ 31kg

17 발효의 목적이 아닌 것은?

① 반죽을 숙성시킨다.
② 글루텐을 강화시킨다.
③ 풍미성분을 생성시킨다.
④ 팽창작용을 한다.

18 건포도 식빵, 옥수수 식빵, 야채 식빵을 만들 때 건포도, 옥수수, 야채는 믹싱의 어느 단계에 넣는 것이 좋은가?

① 최종 단계 후 ② 클린업 단계 후
③ 발전 단계 후 ④ 렛 다운 단계 후

19 다음 제품 중 2차 발효실의 습도를 가장 높게 설정해야 되는 것은?

① 호밀빵 ② 햄버거빵
③ 불란서빵 ④ 빵 도넛

20 빵의 굽기에 대한 설명 중 옳은 것은?

① 고배합의 경우 낮은 온도에서 짧은 시간으로 굽기
② 고배합의 경우 높은 온도에서 긴 시간으로 굽기
③ 저배합의 경우 낮은 온도에서 긴 시간으로 굽기
④ 저배합의 경우 높은 온도에서 짧은 시간으로 굽기

답안 표기란	
16	① ② ③ ④
17	① ② ③ ④
18	① ② ③ ④
19	① ② ③ ④
20	① ② ③ ④

21 다음 중 탄소(C)의 수가 다섯 개인 단당류는?

① 포도당(glucose)
② 리보오스(ribose)
③ 과당(fructose)
④ 갈락토오스(galactose)

22 콜레스테롤에 대한 설명으로 틀린 것은?

① 식사를 통한 평균흡수율은 100%이다.
② 유도지질이다.
③ 고리형 구조를 이루고 있다.
④ 간과 장벽, 부신 등 체내에서도 합성된다.

23 다당류인 전분을 분해하는 효소가 아닌 것은?

① 알파 아밀라아제
② 베타 아밀라아제
③ 디아스타아제
④ 말타아제

24 물엿의 포도당 당량 기준은?

① 40.0 이상
② 30.0 이상
③ 20.0 이상
④ 10.0 이상

25 반죽 개량제에 대한 설명으로 틀린 것은?

① 반죽 개량제는 빵의 품질과 기계성을 증가시킬 목적으로 첨가한다.
② 반죽 개량제에는 산화제, 환원제, 반죽강화제, 노화지연제, 효소 등이 있다.
③ 산화제는 반죽의 구조를 강화시켜 제품의 부피를 증가시킨다.
④ 환원제는 반죽의 구조를 강화시켜 반죽 시간을 증가시킨다.

26 다음 중 파이롤러를 사용하기에 부적합한 제품은?

① 스위트롤
② 데니시 페이스트리
③ 크로와상
④ 브리오슈

답안 표기란

21	① ② ③ ④
22	① ② ③ ④
23	① ② ③ ④
24	① ② ③ ④
25	① ② ③ ④
26	① ② ③ ④

답안 표기란	
27	① ② ③ ④
28	① ② ③ ④
29	① ② ③ ④
30	① ② ③ ④
31	① ② ③ ④
32	① ② ③ ④

27 **원가의 구성에서 직접 원가에 해당하지 않는 것은?**

① 직접 재료비　　② 직접 노무비
③ 직접 경비　　④ 직접 판매비

28 **일반적인 버터의 수분 함량은?**

① 18% 이하　　② 25% 이하
③ 30% 이하　　④ 45% 이하

29 **다음 중 필수지방산의 결핍으로 인해 발생할 수 있는 것은?**

① 신경통　　② 결막염
③ 안질　　④ 피부염

30 **맥아에 함유되어 있는 아밀라아제를 이용하여 전분을 당화시켜 엿을 만든다. 이 때 엿에 주로 함유되어 있는 당류는?**

① 포도당　　② 유당
③ 과당　　④ 맥아당

31 **탈지분유 20g을 물 80g에 넣어 녹여 탈지분유액을 만들었을 때 탈지분유액 중 단백질의 함량은 몇 %인가?(단, 탈지분유 조성은 수분 4%, 유당 57%, 단백질 35%, 지방 4%이다)**

① 5.1%　　② 6%
③ 7%　　④ 8.75%

32 **제빵용 이스트에 의해 발효가 이루어지지 않는 당은?**

① 과당(fructose)　　② 포도당(glucose)
③ 유당(lactose)　　④ 맥아당(maltose)

33 일시적 경수에 대한 설명으로 맞는 것은?

① 가열 시 탄산염으로 되어 침전된다.
② 끓여도 경도가 제거되지 않는다.
③ 황산염에 기인한다.
④ 제빵에 사용하기에 가장 좋다.

34 이스트 푸드의 충전제로 사용되는 것은?

① 설탕 ② 산화제
③ 분유 ④ 전분

35 함께 사용한 재료들에 향미를 제공하고 껍질색 형성을 빠르게 하여 색상을 진하게 하는 것은?

① 지방 ② 소금
③ 우유 ④ 유화제

36 세계보건기구(WHO)는 성인의 경우 하루 섭취 열량 중 트랜스 지방의 섭취를 몇 % 이하로 권고하고 있는가?

① 0.5% ② 1%
③ 2% ④ 3%

37 작업 시간 분석에 대한 설명 중 틀린 것은?

① 우발적 요소를 5% 이하로 관리한다.
② 여유율이 25%가 넘지 않도록 한다.
③ 여유율(%)=(여유시간÷정규시간)×100
④ 기계를 사용할 때 여유율이 비교적 높다.

38 식빵 제조용 밀가루의 원료로서 가장 좋은 것은?

① 분상질 ② 중간질
③ 초자질 ④ 분상 중간질

답안 표기란

33	① ② ③ ④
34	① ② ③ ④
35	① ② ③ ④
36	① ② ③ ④
37	① ② ③ ④
38	① ② ③ ④

39 밀가루의 단백질에 작용하는 효소는?

① 말타아제 ② 아밀라아제
③ 리파아제 ④ 프로테아제

40 유당이 가수분해되어 생성되는 단당류는?

① 갈락토오스+갈락토오스
② 포도당+갈락토오스
③ 포도당+포도당
④ 맥아당+포도당

41 일반적으로 포화지방산의 탄소 수가 다음과 같을 때 융점이 가장 높아서 실온에서 가장 딱딱한 유지가 되는 것은?

① 6개 ② 10개
③ 14개 ④ 18개

42 당질이 혈액 내에 존재하는 형태는?

① 글루코오스 ② 글리코겐
③ 갈락토오스 ④ 프룩토오스

43 새우, 게 등의 겉껍질을 구성하는 키틴(chitin)의 주된 단위 성분은?

① 갈락토사민(galactosamine)
② 글루코사민(glucosamine)
③ 글루쿠로닉산(glucuronic acid)
④ 갈락투로닉산(galacturonic acid)

44 탄수화물로부터 합성될 수 있는 아미노산은?

① 알라닌 ② 페닐알라닌
③ 메티오닌 ④ 트립토판

답안 표기란	
39	① ② ③ ④
40	① ② ③ ④
41	① ② ③ ④
42	① ② ③ ④
43	① ② ③ ④
44	① ② ③ ④

45 밀가루 음식에 대두를 넣는다면 어떤 영양소가 강화되는 것인가?

① 섬유질
② 지방
③ 필수아미노산
④ 무기질

46 비타민 B_1의 특징으로 옳은 것은?

① 단백질의 연소에 필요하다.
② 탄수화물 대사에서 조효소로 작용한다.
③ 결핍증은 펠라그라(pellagra)이다.
④ 인체의 성장인자이며 항빈혈작용을 한다.

47 생산된 소득 중에서 인건비와 관련된 부분은?

① 노동분배율
② 생산가치율
③ 가치적 생산성
④ 물량적 생산성

48 과당이 함유되어 있지 않은 것은?

① 과즙
② 분당
③ 벌꿀
④ 전화당

49 제품 200g에 무기질 2g이 들어있다면 이 무기질로부터 얻을 수 있는 열량은?

① 0kcal
② 4kcal
③ 14kcal
④ 18kcal

50 다음 중 모세혈관의 삼투성을 조절하여 혈관 강화작용을 하는 비타민은?

① 비타민 A
② 비타민 D
③ 비타민 E
④ 비타민 P

답안 표기란

45	①	②	③	④
46	①	②	③	④
47	①	②	③	④
48	①	②	③	④
49	①	②	③	④
50	①	②	③	④

51 결핵의 주요한 감염원이 될 수 있는 것은?

① 토끼고기
② 양고기
③ 돼지고기
④ 불완전 살균우유

52 다음 중 식품접객업에 해당하지 않은 것은?

① 식품냉동냉장업
② 유흥주점영업
③ 위탁급식영업
④ 일반음식점영업

53 HACCP에 대한 설명 중 틀린 것은?

① 식품위생의 수준을 향상시킬 수 있다.
② 원료부터 유통의 전 과정에 대한 관리이다.
③ 종합적인 위생관리체계이다.
④ 사후처리의 완벽을 추구한다.

54 빵류·과자류제품 제조 시 첨가하는 팽창제가 아닌 것은?

① 암모늄명반
② 프로피온산나트륨
③ 탄산수소나트륨
④ 염화암모늄

55 장독소에 의해 발생하는 식중독은?

① 포도상구균 식중독
② 살모넬라 식중독
③ 병원성 대장균 식중독
④ 장염 비브리오 식중독

56 대장균에 대한 설명으로 틀린 것은?

① 유당을 분해한다.
② 그램(gram) 양성이다.
③ 호기성 또는 통성 혐기성이다.
④ 무아포 간균이다.

답안 표기란

51	①	②	③	④
52	①	②	③	④
53	①	②	③	④
54	①	②	③	④
55	①	②	③	④
56	①	②	③	④

답안 표기란

57 여름철에 세균성 식중독이 많이 발생하는데 이에 미치는 영향이 가장 큰 것은?

① 세균의 생육 Aw
② 세균의 생육 pH
③ 세균의 생육 영양원
④ 세균의 생육 온도

58 발생을 계속 감시할 필요가 있어 발생 또는 유행 시 24시간 이내에 신고하여야 하는 감염병은?

① 제1급 감염병
② 제2급 감염병
③ 제3급 감염병
④ 제4급 감염병

59 돼지 등 가축의 장기나 고기를 다룰 때 피부의 창상으로 균이 침입하는 인수공통감염병은?

① 야토병
② 돈단독
③ Q열
④ 브루셀라증

60 합성감미료와 관련이 없는 것은?

① 화학적 합성품이다.
② 아스파탐이 이에 해당한다.
③ 일반적으로 설탕보다 감미 강도가 낮다.
④ 인체 내에서 영양가를 제공하지 않는 합성감미료도 있다.

답안 표기란	
57	① ② ③ ④
58	① ② ③ ④
59	① ② ③ ④
60	① ② ③ ④

정답 및 해설 부록 30p

제빵기능사 필기 빈출 문제 ❼

수험번호 :

수험자명 :

제한 시간 : 60분
남은 시간 : 60분

QR코드를 스캔하면 스마트폰을 활용한 모바일 모의고사를 이용할 수 있습니다.

전체 문제 수 : 60
안 푼 문제 수 :

답안 표기란

1 ① ② ③ ④
2 ① ② ③ ④
3 ① ② ③ ④
4 ① ② ③ ④

1 같은 크기의 틀에 넣어 같은 체적의 제품을 얻으려고 할 때 반죽의 분할량이 가장 적은 제품은?

① 밀가루 식빵　② 호밀 식빵
③ 옥수수 식빵　④ 건포도 식빵

2 버터 톱 식빵 제조 시 분할 손실이 3%이고, 완제품 500g짜리 4개를 만들 때 사용하는 강력분의 양으로 가장 적당한 것은?(단, 총 배합률은 195.8%이다)

① 약 1065g　② 약 2140g
③ 약 1053g　④ 약 1123g

3 빵 굽기에 사용되는 오븐에 대한 설명 중 틀린 것은?

① 데크 오븐의 열원은 열풍이며 색을 곱게 구울 수 있는 장점이 있다.
② 컨벡션 오븐은 제품의 껍질을 바삭바삭하게 구울 수 있으며 스팀을 사용한다.
③ 데크 오븐에 불란서빵을 구울 때 캔버스를 사용하여 직접 화덕에 올려 구울 수 있다.
④ 컨벡션 오븐은 윗불, 아랫불의 조절이 불가능하다.

4 빵을 제조하는 과정에서 반죽 후 분할기로부터 분할할 때나 구울 때 달라붙지 않게 할 목적으로 허용되어 있는 첨가물은?

① 글리세린　② 프로필렌글리콜
③ 초산비닐수지　④ 유동파라핀

5 정통 불란서빵을 제조할 때 2차 발효실의 상대습도로 가장 적합한 것은?

① 75~80%　② 85~88%
③ 90~94%　④ 95~99%

6 반죽 제조 단계 중 렛다운(let down) 상태까지 믹싱하는 제품으로 적당한 것은?

① 옥수수 식빵, 밤 식빵
② 크림빵, 앙금빵
③ 바게트, 프랑스빵
④ 잉글리시 머핀, 햄버거빵

7 제빵 제조 시 적절한 2차 발효점은 완제품 용적의 몇 %가 가장 적당한가?

① 40~45%　② 50~55%
③ 70~80%　④ 90~95%

8 냉동 페이스트리를 구운 후 옆면이 주저앉는 원인으로 틀린 것은?

① 토핑물이 많은 경우
② 잘 구워지지 않은 경우
③ 2차 발효가 과다한 경우
④ 해동 온도가 2~5℃로 낮은 경우

9 오븐에서 빵이 갑자기 팽창하는 현상인 오븐 스프링이 발생하는 이유와 거리가 먼 것은?

① 가스압의 증가
② 알코올의 증발
③ 탄산가스의 증발
④ 단백질의 변성

답안 표기란

5 ① ② ③ ④
6 ① ② ③ ④
7 ① ② ③ ④
8 ① ② ③ ④
9 ① ② ③ ④

10 오븐에서 구운 빵을 냉각할 때 평균 몇 %의 수분 손실이 추가적으로 발생하는가?

① 2% ② 4%
③ 6% ④ 8%

11 하나의 스펀지 반죽으로 2~4개의 도(dough)를 제조하는 방법으로 노동력, 시간이 절약되는 방법은?

① 가당 스펀지법 ② 오버나잇 스펀지법
③ 마스터 스펀지법 ④ 비상 스펀지법

12 스펀지법으로 만든 제품의 특징은?

① 노화가 빠르다. ② 내상막이 얇다.
③ 발효향이 적다. ④ 부피가 감소한다.

13 액체 발효법에서 액종 발효 시 완충제 역할을 하는 재료는?

① 탈지분유 ② 설탕
③ 소금 ④ 쇼트닝

14 클린업 단계에서 넣음으로써 반죽 시간을 단축시킬 수 있는 것은?

① 분유 ② 소금
③ 이스트 ④ 설탕

15 분유를 사용하지 않은 반죽이 59%의 수분을 흡수하였다면 3% 사용 시 흡수율은 몇 %가 되겠는가?

① 46% ② 57%
③ 62% ④ 76%

답안 표기란

10	①	②	③	④
11	①	②	③	④
12	①	②	③	④
13	①	②	③	④
14	①	②	③	④
15	①	②	③	④

16 1차 발효실의 상대습도는 몇 %로 유지하는 것이 좋은가?

① 55~65%　② 65~75%
③ 75~85%　④ 85~95%

17 성형 시 둥글리기의 목적과 거리가 먼 것은?

① 표피를 형성시킨다.
② 가스포집을 돕는다.
③ 끈적거림을 제거한다.
④ 껍질색을 좋게 한다.

18 다음 중 제품 특성상 일반적으로 노화가 가장 빠른 것은?

① 단과자빵　② 카스테라
③ 식빵　④ 도넛

19 다음 중 후염법의 가장 큰 장점은?

① 반죽 시간이 단축된다.
② 발효가 빨리 된다.
③ 밀가루의 수분흡수가 방지된다.
④ 빵이 더욱 부드럽게 된다.

20 냉동제법으로 배합표를 작성하는 방법이 옳은 것은?

① 밀가루 단백질 함량 0.5~20% 감소
② 수분 함량 1~2% 감소
③ 이스트 함량 2~3% 감소
④ 설탕 사용량 1~2% 감소

답안 표기란

16	①	②	③	④
17	①	②	③	④
18	①	②	③	④
19	①	②	③	④
20	①	②	③	④

21 **제빵에서 소금함량이 정상보다 적을 경우 나타나는 결과가 아닌 것은?**

① 부피가 크다.
② 냄새와 맛이 좋지 않다.
③ 모서리가 예리하다.
④ 껍질에 흰 반점이 생긴다.

22 **당과 산에 의해서 젤을 형성하며 젤화제, 증점제, 안정제, 유화제 등으로 사용되는 것은?**

① 펙틴 ② 한천
③ 젤라틴 ④ 씨엠씨(CMC)

23 **믹서 내에서 일어나는 물리적 성질을 파동 곡선기록기로 기록하여 밀가루의 흡수율, 믹싱 시간, 믹싱 내구성 등을 측정하는 기계는?**

① 패리노그래프 ② 익스텐소그래프
③ 아밀로그래프 ④ 분광분석기

24 **소맥분의 패리노그래프를 그려 보니 믹싱 타임이 매우 짧은 것으로 나타났다. 이 소맥분을 빵에 사용할 때 보완법으로 옳은 것은?**

① 소금 양을 줄인다. ② 탈지분유를 첨가한다.
③ 이스트 양을 증가시킨다. ④ pH를 낮춘다.

25 **이스트의 기능이 아닌 것은?**

① 팽창 역할 ② 향 형성
③ 윤활 역할 ④ 반죽 숙성

26 **달걀에 대한 설명 중 옳은 것은?**

① 노른자에 가장 많은 것은 단백질이다.
② 흰자는 대부분 물이고 그 다음 많은 성분은 지방질이다.
③ 껍질은 대부분 탄산칼슘으로 이루어져 있다.
④ 흰자보다 노른자 중량이 더 크다.

답안 표기란

21	①	②	③	④
22	①	②	③	④
23	①	②	③	④
24	①	②	③	④
25	①	②	③	④
26	①	②	③	④

27 탈지분유를 빵에 넣으면 발효 시 pH 변화에 어떤 영향을 미치는가?

① pH 저하를 촉진시킨다.
② pH 상승을 촉진시킨다.
③ pH 변화에 대한 완충 역할을 한다.
④ pH가 중성을 유지하게 된다.

28 다음 재료들을 동일한 크기의 그릇에 측정하여 중량이 가장 높은 것은?

① 우유 ② 분유
③ 쇼트닝 ④ 분당

29 기름의 산패를 촉진시키는 요인들로만 짝지은 것은?

① 산소, 고온, 자외선, 동
② 산소, 고온, 자외선, 질소
③ 산소, 고온, 동, 질소
④ 고온, 자외선, 동, 질소

30 설탕의 감미도를 100으로 할 때 포도당의 상대 감미도는?

① 100 ② 75
③ 50 ④ 25

31 효모에 함유된 성분으로 특히 오래된 효모에 많고 환원제로 작용하여 반죽을 약화시키고 빵의 맛과 품질을 떨어뜨린다. 이것은 무엇인가?

① 글루타치온 ② 글리세린
③ 글리아딘 ④ 글리코겐

답안 표기란	
27	① ② ③ ④
28	① ② ③ ④
29	① ② ③ ④
30	① ② ③ ④
31	① ② ③ ④

32 물이 있으면 단독으로 작용하여 이산화탄소와 암모니아 가스를 발생시키는 화학팽창제로 밀가루 단백질을 부드럽게 하는 이것은 무엇인가?

① 베이킹파우더 ② 탄산수소나트륨
③ 중조 ④ 암모늄염

33 소금의 사용량에 대한 내용 중 틀린 것은?

① 밀가루 대비 2% 정도 사용한다.
② 글루텐이 적은 밀가루를 사용할 때는 약간 증가하여 사용한다.
③ 여름철에는 소금의 사용량을 줄이고, 겨울철에는 증가시켜 사용한다.
④ 연수 사용 시 사용량을 증가한다.

34 오븐의 생산 능력은 무엇으로 계산하는가?

① 소모되는 전력량
② 오븐의 높이
③ 오븐의 단열 정도
④ 오븐 내 매입 철판 수

35 이스트의 효소 중 단당류를 분해시켜 탄산가스와 알코올을 생성하는 것은?

① 말타아제 ② 찌마아제
③ 리파아제 ④ 프로테아제

36 시유의 일반적인 수분과 고형질 함량은?

① 물 68%, 고형질 38%
② 물 75%, 고형질 25%
③ 물 88%, 고형질 12%
④ 물 95%, 고형질 5%

답안 표기란

32	①	②	③	④
33	①	②	③	④
34	①	②	③	④
35	①	②	③	④
36	①	②	③	④

답안 표기란

37 식빵 반죽의 제조 공정에서 사용하지 않는 기계는?

① 분할기　② 라운더
③ 성형기　④ 데포지터

38 밀가루 전분의 아밀로펙틴 함량은 몇 %인가?

① 50~55%　② 60~65%
③ 75~80%　④ 95~100%

39 원가의 절감방법이 아닌 것은?

① 구매 관리를 엄격히 한다.
② 제조 공정 설계를 최적으로 한다.
③ 창고의 재고를 최대로 한다.
④ 불량률을 최소화한다.

40 밀가루의 아밀라아제 활성 정도를 측정하는 그래프는?

① 아밀로그래프　② 패리노그래프
③ 익스텐소그래프　④ 믹소그래프

41 성인의 에너지 적정비율의 연결이 옳은 것은?

① 탄수화물 : 30~55%
② 단백질 : 7~20%
③ 지질 : 5~10%
④ 비타민 : 30~40%

42 탄수화물 분해효소가 아닌 것은?

① 셀룰라아제　② 이눌라아제
③ 아밀라아제　④ 프로테아제

답안 표기란	
37	① ② ③ ④
38	① ② ③ ④
39	① ② ③ ④
40	① ② ③ ④
41	① ② ③ ④
42	① ② ③ ④

43 일반 제빵 제품의 성형과정 중 작업실의 온도 및 습도로 가장 바람직한 것은?

① 온도 25~28℃, 습도 70~75%
② 온도 10~18℃, 습도 65~70%
③ 온도 25~28℃, 습도 90~95%
④ 온도 10~18℃, 습도 80~85%

44 타액(침) 속에는 탄수화물을 소화시킬 수 있는 효소가 들어 있다. 그 효소는 무엇인가?

① 프로테아제
② 리파아제
③ 펩신
④ 프티알린

45 다음 중 심혈관계 질환의 위험인자로 가장 거리가 먼 것은?

① 고혈압과 중성지질 증가
② 골다공증과 빈혈
③ 운동부족과 고지혈증
④ 당뇨병과 지단백 증가

46 질병에 대한 저항력을 지닌 항체를 만드는데 꼭 필요한 영양소는?

① 탄수화물
② 지방
③ 칼슘
④ 단백질

47 효소의 특성이 아닌 것은?

① 30~40℃에서 최대 활성을 갖는다.
② pH 4.5~8.0 범위 내에서 반응하며 효소의 종류에 따라 최적 pH는 달라질 수 있다.
③ 효소는 그 구성 물질이 전분과 지방으로 되어있다.
④ 효소농도와 기질농도가 효소작용에 영향을 준다.

48 제빵에서 물의 양이 적량보다 적을 경우 나타나는 결과와 거리가 먼 것은?

① 수율이 낮다.
② 향이 강하다.
③ 부피가 크다.
④ 노화가 빠르다.

답안 표기란

43	①	②	③	④
44	①	②	③	④
45	①	②	③	④
46	①	②	③	④
47	①	②	③	④
48	①	②	③	④

49 생산관리의 기능과 거리가 먼 것은?

① 품질보증기능 ② 적시·적량기능
③ 원가조절기능 ④ 시장개척기능

50 다음 중 완전 단백질이 아닌 것은?

① 카제인 ② 알부민
③ 글리시닌 ④ 제인

51 다음 중 제1급 감염병에 속하지 않는 것은?

① 홍역 ② 야토병
③ 디프테리아 ④ 신종인플루엔자

52 원인균이 내열성포자를 형성하기 때문에 병든 가축의 사체를 처리할 경우 반드시 소각처리하여야 하는 인수공통감염병은?

① 돈단독 ② 결핵
③ 파상열 ④ 탄저병

53 세균성 식중독의 일반적인 특징으로 옳은 것은?

① 전염성이 거의 없다.
② 2차 감염이 빈번하다.
③ 경구 감염병보다 잠복기가 길다.
④ 극소량의 균으로도 발생이 가능하다.

54 감자의 독성분이 가장 많이 들어 있는 것은?

① 감자즙 ② 노란 부분
③ 겉껍질 ④ 싹튼 부분

답안 표기란

49	①	②	③	④
50	①	②	③	④
51	①	②	③	④
52	①	②	③	④
53	①	②	③	④
54	①	②	③	④

55 식중독이 원인이 될 수 있는 것과 거리가 먼 것은?

① Pb(납) ② Ca(칼슘)
③ Hg(수은) ④ Cd(카드뮴)

56 마이코톡신(mycotoxin)의 설명으로 틀린 것은?

① 진균독이라고도 한다.
② 탄수화물이 풍부한 곡류에서 많이 발생한다.
③ 원인 식품의 세균이 분비하는 독성분이다.
④ 중독의 발생은 계절과 관계가 깊다.

57 소독력이 강한 양이온 계면활성제로서 종업원의 손을 소독할 때나 용기 및 기구의 소독제로 알맞은 것은?

① 석탄산 ② 과산화수소
③ 역성비누 ④ 크레졸

58 미나마타병은 어떤 중금속에 오염된 어패류의 섭취 시 발생되는가?

① 수은 ② 카드뮴
③ 납 ④ 아연

59 노로바이러스 식중독의 일반증상으로 틀린 것은?

① 잠복기 : 24~28시간
② 지속 시간 : 7일 이상 지속
③ 주요 증상 : 설사, 탈수, 복통, 구토 등
④ 발병률 : 40~70% 발병

60 빵의 제조과정에서 빵 반죽을 분할기에서 분할할 때나 구울 때 달라붙지 않게 하고, 모양을 그대로 유지하기 위하여 사용되는 첨가물을 이형제라고 한다. 다음 중 이형제는?

① 유동파라핀 ② 명반
③ 탄산수소나트륨 ④ 염화암모늄

답안 표기란

55	①	②	③	④
56	①	②	③	④
57	①	②	③	④
58	①	②	③	④
59	①	②	③	④
60	①	②	③	④

정답 및 해설 부록 34p

제빵기능사 필기 빈출 문제 ❽

수험번호 :

수험자명 :

제한 시간 : 60분
남은 시간 : 60분

QR코드를 스캔하면 스마트폰을 활용한 모바일 모의고사를 이용할 수 있습니다.

전체 문제 수 : 60
안 푼 문제 수 :

1 손상된 전분 1% 증가 시 흡수율의 변화는?

① 2% 감소　② 1% 감소
③ 1% 증가　④ 2% 증가

2 가스 보유력(gas retention)이 가장 적당한 반죽의 pH는?

① 3.0　② 5.0
③ 7.0　④ 9.0

3 다음 발효과정 중 손실에 관계되는 사항과 가장 거리가 먼 것은?

① 반죽 온도　② 기압
③ 발효 온도　④ 소금

4 둥글리기 하는 동안 반죽의 끈적거림을 없애는 방법으로 잘못된 것은?

① 반죽의 최적 발효상태를 유지한다.
② 덧가루를 사용한다.
③ 반죽에 유화제를 사용한다.
④ 반죽에 파라핀 용액을 10% 첨가한다.

5 일반적으로 빵의 노화 현상에 따른 변화와 거리가 먼 것은?

① 수분 손실　② 전분의 경화
③ 향의 손실　④ 곰팡이 발생

답안 표기란

1	① ② ③ ④
2	① ② ③ ④
3	① ② ③ ④
4	① ② ③ ④
5	① ② ③ ④

6 **데니시 페이스트리 제조 시의 설명으로 틀린 것은?**

① 소량의 덧가루를 사용한다.
② 발효실 온도는 유지의 융점보다 낮게 한다.
③ 고배합 제품은 저온에서 구우면 유지가 흘러나온다.
④ 2차 발효시간은 길게 하고, 습도는 비교적 높게 한다.

7 **다음 중 발효시간을 연장시켜야 하는 경우는?**

① 식빵 반죽 온도가 27℃이다.
② 발효실 온도가 24℃이다.
③ 이스트 푸드가 충분하다.
④ 1차 발효실 상대습도가 80%이다.

8 **스트레이트법에서 1차 발효 시 최적의 발효상태를 파악하는 방법으로 손가락으로 눌러서 판단하는 테스트법 중 가장 발효가 좋은 상태는?**

① 반죽 부분이 움츠러든다.
② 반죽 부분이 퍼진다.
③ 누른 부분이 살짝 오므라든다.
④ 누른 부분이 옆으로 퍼져 함몰한다.

9 **식빵 제조에 사용하는 재료들의 사용 범위(%)가 틀린 것은?**

① 밀가루 : 80~120
② 물 : 56~68
③ 소금 : 1.5~2.5
④ 설탕 : 0~8

10 **스트레이트법에서 반죽 시간에 영향을 주는 요인과 거리가 먼 것은?**

① 밀가루 종류
② 이스트 양
③ 물의 양
④ 쇼트닝 양

답안 표기란

6	① ② ③ ④
7	① ② ③ ④
8	① ② ③ ④
9	① ② ③ ④
10	① ② ③ ④

답안 표기란

11 밀가루 빵에 부재료로 사용되는 사워(sour)의 정의로 맞는 것은?

① 밀가루와 물을 혼합하여 장시간 발효시킨 혼합물
② 기름에 물이 분산되어 있는 유탁액
③ 산과 향산료의 혼합물
④ 산화/환원제를 넣은 베이스 믹스

12 불란서빵의 필수재료와 거리가 먼 것은?

① 밀가루 ② 분유
③ 소금 ④ 이스트

13 식빵 반죽의 점착성이 커지는 이유 중 틀린 것은?

① 반죽의 과발효 ② 반죽 흡수량의 부족
③ 믹싱의 과다 ④ 믹싱의 부족

14 반죽 시 후염법에서 소금의 투입 단계는?

① 각 재료와 함께 섞는다.
② 픽업 단계 직전에 투입한다.
③ 클린업 단계 직후에 넣는다.
④ 믹싱이 끝날 때 넣어 혼합한다.

15 발효에 직접적으로 영향을 주는 요소와 가장 거리가 먼 것은?

① 반죽 온도 ② 달걀의 신선도
③ 이스트의 양 ④ 반죽의 pH

16 식빵 굽기 시의 빵 내부의 최고 온도에 대한 설명으로 맞는 것은?

① 100℃를 넘지 않는다.
② 150℃를 약간 넘는다.
③ 200℃ 정도가 된다.
④ 210℃가 넘는다.

답안 표기란

11	①	②	③	④
12	①	②	③	④
13	①	②	③	④
14	①	②	③	④
15	①	②	③	④
16	①	②	③	④

17 **빵 반죽의 흡수율에 영향을 미치는 요소에 대한 설명으로 옳은 것은?**

① 설탕 5% 증가 시 흡수율은 1%씩 감소한다.
② 빵 반죽에 알맞은 물은 경수보다 연수이다.
③ 반죽 온도가 5℃ 증가함에 따라 흡수율이 3% 증가한다.
④ 유화제 사용량이 많으면 물과 기름의 결합이 좋게 되어 흡수율이 감소된다.

18 **포장에 대한 설명 중 틀린 것은?**

① 포장은 제품의 노화를 지연시킨다.
② 뜨거울 때 포장하여 냉각손실을 줄인다.
③ 미생물에 오염되지 않은 환경에서 포장한다.
④ 온도, 충격 등에 대한 품질변화에 주의한다.

19 **중간발효를 시킬 때 가장 적합한 습도는?**

① 62~67%
② 72~77%
③ 82~87%
④ 89~94%

20 **스펀지에서 드롭 또는 브레이크 현상이 일어나는 가장 적당한 시기는?**

① 반죽의 약 1.5배 정도 부푼 후
② 반죽의 약 2~3배 정도 부푼 후
③ 반죽의 약 4~5배 정도 부푼 후
④ 반죽의 약 6~7배 정도 부푼 후

21 **아밀로펙틴의 특성이 아닌 것은?**

① 요오드 테스트를 하면 자줏빛 붉은색을 띤다.
② 노화되는 속도가 빠르다.
③ 곁사슬 구조이다.
④ 대부분의 천연전분은 아밀로펙틴 구성비가 높다.

답안 표기란

17	①	②	③	④
18	①	②	③	④
19	①	②	③	④
20	①	②	③	④
21	①	②	③	④

22 단백질 함량이 2% 증가된 강력밀가루 사용 시 흡수율의 변화로 가장 적당한 것은?

① 2% 감소　　② 1.5% 증가
③ 3% 증가　　④ 4.5% 증가

23 일반적으로 제빵에 사용하는 밀가루의 단백질 함량은?

① 7~9%　　② 9~10%
③ 11~13%　　④ 14~16%

24 다음 중 1mg과 같은 것은?

① 0.0001g　　② 0.001g
③ 0.1g　　④ 1,000g

25 맥아당을 분해하는 효소는?

① 말타아제　　② 락타아제
③ 리파아제　　④ 프로테아제

26 다음 중 달걀에 대한 설명이 틀린 것은?

① 노른자의 수분 함량은 약 50% 정도이다.
② 전란(흰자와 노른자)의 수분 함량은 75% 정도이다.
③ 노른자에는 유화기능을 갖는 레시틴이 함유되어 있다.
④ 달걀은 −10~−5℃로 냉동 저장하여야 품질을 보장할 수 있다.

27 노인의 경우 필수지방산의 흡수를 위하여 다음 중 어떤 종류의 기름을 섭취하는 것이 좋은가?

① 콩기름　　② 돼지기름
③ 닭기름　　④ 쇠기름

28 밀가루의 등급은 무엇을 기준으로 하는가?

① 회분　　② 단백질
③ 유지방　　④ 탄수화물

답안 표기란

22	①	②	③	④
23	①	②	③	④
24	①	②	③	④
25	①	②	③	④
26	①	②	③	④
27	①	②	③	④
28	①	②	③	④

29 전분에 물을 가하고 가열하면 팽윤되고 전분 입자의 미셀구조가 파괴되는데 이 현상을 무엇이라 하는가?

① 노화 ② 호정화
③ 호화 ④ 당화

30 유지에 알칼리를 가할 때 일어나는 반응은?

① 가수분해 ② 비누화
③ 에스테르화 ④ 산화

31 바게트 배합률에서 비타민 C를 30ppm 사용하려고 할 때 이 용량을 %로 올바르게 나타낸 것은?

① 0.3% ② 0.03%
③ 0.003% ④ 0.0003%

32 전분을 덱스트린(dextrin)으로 변화시키는 효소는?

① β-아밀라아제
② α-아밀라아제
③ 말타아제
④ 찌마아제

33 아미노산의 성질에 대한 설명 중 옳은 것은?

① 모든 아미노산은 선광성을 갖는다.
② 아미노산은 융점이 낮아서 액상이 많다.
③ 아미노산은 종류에 따라 등전점이 다르다.
④ 천연단백질을 구성하는 아미노산은 주로 D형이다.

34 다음 중 단순단백질이 아닌 것은?

① 알부민 ② 글리코프로테인
③ 글로불린 ④ 히스톤

답안 표기란

29	①	②	③	④
30	①	②	③	④
31	①	②	③	④
32	①	②	③	④
33	①	②	③	④
34	①	②	③	④

35 단백질을 분해하는 효소는?

① 아밀라아제 ② 리파아제
③ 프로테아제 ④ 찌마아제

36 젖은 글루텐의 일반적인 수분 함량은?

① 33% ② 50%
③ 67% ④ 80%

37 빵류제품 중 설탕을 사용하는 주목적과 가장 거리가 먼 것은?

① 노화 방지 ② 빵 표피의 착색
③ 유해균의 발효 억제 ④ 효모의 번식

38 우유 2,000g을 사용하는 식빵 반죽에 전지분유를 사용할 때 분유와 물의 사용량은?

① 분유 100g, 물 1,900g
② 분유 200g, 물 1,800g
③ 분유 400g, 물 1,600g
④ 분유 600g, 물 1,400g

39 이스트 푸드의 구성 물질 중 생지의 pH를 효모의 발육에 가장 알맞은 미산성의 상태로 조절하는 것은?

① 황산암모늄 ② 브롬산칼륨
③ 요오드화칼륨 ④ 인산칼슘

40 빵 반죽에 사용되는 물의 경도에 가장 큰 영향을 미치는 성분은?

① 비타민 ② 무기질
③ 단백질 ④ 지방

41 다음의 유지 중 두뇌성장과 시각기능을 증진시키기 위해 사용하면 좋은 것은?

① 옥수수유 ② 대두유
③ 참기름 ④ 들기름

답안 표기란

35	① ② ③ ④
36	① ② ③ ④
37	① ② ③ ④
38	① ② ③ ④
39	① ② ③ ④
40	① ② ③ ④
41	① ② ③ ④

42 뼈를 구성하는 무기질 중 그 비율이 가장 중요한 것은?

① P : Cu ② Fe : Mg
③ Ca : P ④ K : Mg

43 비타민의 일반적인 결핍증이 잘못 연결된 것은?

① 비타민 B_{12}–부종
② 비타민 D–구루병
③ 나이아신–펠라그라
④ 리보플라빈–구내염

44 변질되기 쉬운 식품을 생산지로부터 소비자에게 전달하기까지 저온으로 보존하는 시스템은?

① 냉장유통체계 ② 냉동유통체계
③ 저온유통체계 ④ 상온유통체계

45 성인의 1일 단백질 섭취량이 체중 kg당 1.13g일 때 66kg의 성인이 섭취하는 단백질 열량은?

① 74.6kcal ② 298.3kcal
③ 671.2kcal ④ 264kcal

46 전분을 효소나 산에 의해 가수분해시켜 얻은 포도당액을 효소나 알칼리 처리로 포도당과 과당으로 만들어 놓은 당의 명칭은?

① 전화당 ② 맥아당
③ 이성화당 ④ 전분당

47 혈액의 응고에 관여하는 비타민은 무엇인가?

① 비타민 A ② 비타민 K
③ 비타민 D ④ 비타민 C

답안 표기란

42 ① ② ③ ④
43 ① ② ③ ④
44 ① ② ③ ④
45 ① ② ③ ④
46 ① ② ③ ④
47 ① ② ③ ④

48 다음 경구 감염병 중 원인균이 세균이 아닌 것은?

① 이질 ② 폴리오
③ 장티푸스 ④ 콜레라

49 산패와 관계가 가장 깊은 것은?

① 지방의 환원 ② 단백질의 산화
③ 단백질의 환원 ④ 지방질의 산화

50 다음 중 필수지방산이 아닌 것은?

① 리놀렌산 ② 리놀레산
③ 아라키돈산 ④ 스테아르산

51 미생물의 생육환경 조건에서 증식 온도에 따라 세균을 분류하는데 고온성 세균의 최적 온도로 적당한 것은?

① 30~40℃ ② 50~60℃
③ 70~80℃ ④ 90~100℃

52 식품시설에서 교차오염을 예방하기 위하여 바람직한 것은?

① 작업장은 최소한의 면적을 확보함
② 냉수 전용 수세 시설을 갖춤
③ 작업 흐름을 일정한 방향으로 배치함
④ 불결 작업과 청결 작업이 교차하도록 함

53 식품위생 검사의 종류로 틀린 것은?

① 화학적 검사 ② 관능 검사
③ 혈청학적 검사 ④ 물리학적 검사

54 질병 발생의 3대 요소가 아닌 것은?

① 병인 ② 환경
③ 숙주 ④ 항생제

답안 표기란

48	①	②	③	④
49	①	②	③	④
50	①	②	③	④
51	①	②	③	④
52	①	②	③	④
53	①	②	③	④
54	①	②	③	④

답안 표기란

55 ① ② ③ ④
56 ① ② ③ ④
57 ① ② ③ ④
58 ① ② ③ ④
59 ① ② ③ ④
60 ① ② ③ ④

55 다음 중 제1급 법정감염병에 속하지 않는 것은?

① 탄저 ② 콜레라
③ 야토병 ④ 신종인플루엔자

56 경구 감염병과 비교할 때 세균성 식중독의 특징은?

① 2차 감염이 잘 일어난다.
② 경구 감염병보다 잠복기가 길다.
③ 발생 후 면역이 매우 잘 생긴다.
④ 많은 양의 균으로 발병한다.

57 살모넬라균에 의한 식중독 증상과 가장 거리가 먼 것은?

① 심한 설사 ② 급격한 발열
③ 심한 복통 ④ 신경마비

58 합성 보존료와 거리가 먼 것은?

① 인식향산(benzoic acid)
② 소르빈산(sorbic acid)
③ 부틸하이드록시아니졸(BHA)
④ 데히드로초산(DHA)

59 소독제의 살균력을 비교하기 위해서 사용하는 소독약은?

① 과산화수소 ② 알코올
③ 크레졸 ④ 석탄산

60 다음 감염병 중 바이러스가 원인인 것은?

① 간염 ② 장티푸스
③ 파라티푸스 ④ 콜레라

제빵기능사 필기 빈출 문제 ❾

수험번호 :

수험자명 :

제한 시간 : 60분
남은 시간 : 60분

QR코드를 스캔하면 스마트폰을 활용한
모바일 모의고사를 이용할 수 있습니다.

전체 문제 수 : 60
안 푼 문제 수 :

1 스트레이트법으로 일반 식빵을 만들 때 사용하는 생이스트의 양으로 가장 적당한 것은?

① 2% ② 8%
③ 14% ④ 20%

2 2차 발효가 과다할 때 일어나는 현상이 아닌 것은?

① 옆면이 터진다.
② 색상이 여리다.
③ 신 냄새가 난다.
④ 오븐에서 주저앉기 쉽다.

3 베이커스 퍼센트(Baker's percent)에서 기준이 되는 재료는?

① 이스트 ② 물
③ 밀가루 ④ 달걀

4 500g의 식빵을 2개 만들려고 한다. 총 배합률은 180%이고 발효 손실은 1%, 굽기 손실은 12%라고 가정할 때 사용할 밀가루 무게는 약 얼마인가?(단, 계산의 답은 소수점 첫째 자리에서 반올림한다)

① 319g ② 638g
③ 568g ④ 284g

5 스펀지 반죽법에서 스펀지 반죽의 재료가 아닌 것은?

① 설탕 ② 물
③ 이스트 ④ 밀가루

답안 표기란

1	①	②	③	④
2	①	②	③	④
3	①	②	③	④
4	①	②	③	④
5	①	②	③	④

6 냉동반죽법에서 믹싱 후 1차 발효시간으로 가장 적합한 것은?

① 0~20분　② 50~60분
③ 80~90분　④ 110~120분

7 팬 기름칠을 다른 제품보다 더 많이 하는 제품은?

① 베이글　② 불란서빵
③ 단팥빵　④ 건포도 식빵

8 노화를 지연시키는 방법으로 올바르지 않은 것은?

① 방습 포장재를 사용한다.
② 다량의 설탕을 첨가한다.
③ 냉장 보관시킨다.
④ 유화제를 사용한다.

9 굽기 과정 중 일어나는 현상에 대한 설명 중 틀린 것은?

① 오븐 팽창과 전분 호화 발생
② 단백질 변성과 효소의 불활성화
③ 빵 세포 구조 형성과 향의 발달
④ 캐러멜화 갈변 반응의 억제

10 아래의 갈색반응의 반응식에서 (　　)에 알맞은 것은?

> 보기
> (열)
> 환원당 + (　　) → 멜라노이드 색소(황갈색)

① 지방　② 탄수화물
③ 단백질　④ 비타민

11 다음 중 이스트가 오븐 내에서 사멸되기 시작하는 온도는?

① 40℃　② 60℃
③ 80℃　④ 100℃

답안 표기란

6	① ② ③ ④
7	① ② ③ ④
8	① ② ③ ④
9	① ② ③ ④
10	① ② ③ ④
11	① ② ③ ④

12 팬의 부피가 2,300cm³/g이고, 비용적(cm³/g)이 3.8이라면 적당한 분할량은?

① 약 480g ② 약 605g
③ 약 560g ④ 약 644g

13 팬에 바르는 기름은 다음 중 무엇이 높은 것을 선택해야 하는가?

① 산가 ② 크림성
③ 가소성 ④ 발연점

14 반죽의 흡수율에 영향을 미치는 요인으로 적당하지 않은 것은?

① 물의 경도 ② 반죽의 온도
③ 소금의 첨가 시기 ④ 이스트의 사용량

15 다음은 어떤 공정의 목적인가?

보기	자른 면의 점착성을 감소시키고 표피를 형성하여 탄력을 유지시킨다.

① 분할 ② 둥글리기
③ 중간발효 ④ 정형

16 굽기 중에 일어나는 변화로 가장 높은 온도에서 발생하는 것은?

① 이스트의 사멸
② 전분의 호화
③ 탄산가스 용해도 감소
④ 단백질 변성

17 냉동반죽법에 적합한 반죽의 온도는?

① 18~22℃ ② 26~30℃
③ 32~36℃ ④ 38~42℃

답안 표기란

12	①	②	③	④
13	①	②	③	④
14	①	②	③	④
15	①	②	③	④
16	①	②	③	④
17	①	②	③	④

18 **일반스트레이트법을 비상스트레이트법으로 변경시킬 때 필수적인 조치가 아닌 것은?**

① 이스트 사용량을 2배로 증가시킨다.
② 분유 사용량을 감소시킨다.
③ 설탕 사용량을 1% 감소시킨다.
④ 수분 흡수율을 1% 증가시킨다.

19 **빵류제품 제조 시 성형의 범위에 들어가지 않는 것은?**

① 둥글리기 ② 분할
③ 정형 ④ 2차 발효

20 **튀김기름의 조건으로 틀린 것은?**

① 발연점이 높아야 한다.
② 산패에 대한 안정성이 있어야 한다.
③ 여름철에 융점이 낮은 기름을 사용한다.
④ 산가가 낮아야 한다.

21 **유지의 기능 중 크림성의 기능은?**

① 제품을 부드럽게 한다.
② 산패를 방지한다.
③ 밀어펴지는 성질을 부여한다.
④ 공기를 포집하여 부피를 좋게 한다.

22 **다당류에 속하는 탄수화물은?**

① 펙틴 ② 포도당
③ 과당 ④ 갈락토오스

답안 표기란	
18	① ② ③ ④
19	① ② ③ ④
20	① ② ③ ④
21	① ② ③ ④
22	① ② ③ ④

23 상대적 감미도가 올바르게 연결된 것은?

① 과당 : 135　　② 포도당 : 75
③ 맥아당 : 16　　④ 전화당 : 100

24 지방산의 이중 결합 유무에 따른 분류는?

① 트랜스 지방, 시스 지방
② 유지, 라드
③ 지방산, 글리세롤
④ 포화지방산, 불포화지방산

25 아미노산과 아미노산과의 결합은?

① 글리코사이드결합　　② 펩타이드결합
③ α-1,4결합　　④ 에스테르결합

26 α-아밀라아제에 대한 설명으로 틀린 것은?

① 베타 아밀라아제에 비하여 열 안정성이 크다.
② 당화효소라고도 한다.
③ 전분의 내부 결합을 가수분해할 수 있어 내부 아밀라아제라고도 한다.
④ 액화효소라고도 한다.

27 빵의 부피와 가장 관련이 깊은 것은?

① 소맥분의 단백질 함량
② 소맥분의 전분 함량
③ 소맥분의 수분 함량
④ 소맥분의 회분 함량

답안 표기란

23	①	②	③	④
24	①	②	③	④
25	①	②	③	④
26	①	②	③	④
27	①	②	③	④

28 글루텐 형성의 주요 성분으로 탄력성을 갖는 단백질은 다음 중 어느 것인가?

① 알부민 ② 글로불린
③ 글루테닌 ④ 글리아딘

29 다음 중 설탕을 포도당과 과당으로 분해하여 만든 당으로 감미도와 수분 보유력이 높은 당은?

① 정백당 ② 빙당
③ 전화당 ④ 황설탕

30 과자와 빵에 우유가 미치는 영향이 아닌 것은?

① 영양을 강화시킨다.
② 보수력이 없어서 노화를 촉진시킨다.
③ 겉껍질 색깔을 강하게 한다.
④ 이스트에 의해 생성된 향을 착향시킨다.

31 생이스트에 대한 설명으로 틀린 것은?

① 중량의 65~70%가 수분이다.
② 20℃ 정도의 상온에서 보관해야 한다.
③ 자기소화를 일으키기 쉽다.
④ 곰팡이 등의 배지 역할을 할 수 있다.

32 가장 광범위하게 사용되는 베이킹파우더(baking powder)의 주성분은?

① $CaHpO_4$ ② $NaHCO_3$
③ Na_2CO_3 ④ NH_4CI

33 이스트 푸드의 성분 중 산화제로 작용하는 것은?

① 아조디카본아마이드 ② 염화암모늄
③ 황산칼슘 ④ 전분

답안 표기란

28	①	②	③	④
29	①	②	③	④
30	①	②	③	④
31	①	②	③	④
32	①	②	③	④
33	①	②	③	④

34 식염이 반죽의 물성 및 발효에 미치는 영향에 대한 설명으로 틀린 것은?

① 흡수율을 감소한다.
② 반죽 시간이 길어진다.
③ 껍질 색상을 더 진하게 한다.
④ 프로테아제의 활성을 증가시킨다.

35 유화제를 사용하는 목적이 아닌 것은?

① 물과 기름이 잘 혼합되게 한다.
② 빵이나 케이크를 부드럽게 한다.
③ 빵이나 케이크가 노화되는 것을 지연시킬 수 있다.
④ 달콤한 맛이 나게 하는데 사용한다.

36 향신료(spices)를 사용하는 목적 중 틀린 것은?

① 향기를 부여하여 식욕을 증진시킨다.
② 육류나 생선의 냄새를 완화시킨다.
③ 매운맛과 향기로 혀, 코, 위장을 자극하여 식욕을 억제시킨다.
④ 제품에 식욕을 불러일으키는 색을 부여한다.

37 아밀로그래프의 기능이 아닌 것은?

① 전분의 점도 측정
② 아밀라아제의 효소능력 측정
③ 점도를 B.U 단위로 측정
④ 전분의 다소(多少) 측정

38 도넛 튀김용 유지로 가장 적당한 것은?

① 라드 ② 유화쇼트닝
③ 면실유 ④ 버터

답안 표기란	
34	① ② ③ ④
35	① ② ③ ④
36	① ② ③ ④
37	① ② ③ ④
38	① ② ③ ④

39 제빵에 사용되는 효모와 가장 거리가 먼 것은?

① 프로테아제 ② 셀룰라아제
③ 인버타아제 ④ 말타아제

40 밀가루 수분 함량이 1% 감소할 때마다 흡수율은 얼마나 증가되는가?

① 0.3~0.5% ② 0.75~1%
③ 1.3~1.6% ④ 2.5~2.8%

41 체내에서 물의 역할을 설명한 것으로 틀린 것은?

① 물은 영양소와 대사산물을 운반한다.
② 땀이나 소변으로 배설되며 체온 조절을 한다.
③ 영양소 흡수로 세포막에 농도차가 생기면 물이 바로 이동한다.
④ 변으로 배설될 때는 물의 영향을 받지 않는다.

42 식품의 열량(kcal) 계산 공식으로 맞는 것은?(단, 각 영양소 양의 기준은 g 단위로 한다)

① (탄수화물의 양+단백질의 양)×4+(지방의 양×9)
② (탄수화물의 양+지방의 양)×4+(단백질의 양×9)
③ (지방의 양+단백질의 양)×4+(탄수화물의 양×9)
④ (탄수화물의 양+지방의 양)×9+(단백질의 양×4)

43 유아에게 필요한 필수아미노산이 아닌 것은?

① 발린 ② 트립토판
③ 히스티딘 ④ 글루타민

44 다음 중 유지를 구성하는 분자가 아닌 것은?

① 질소 ② 수소
③ 탄소 ④ 산소

답안 표기란

39	① ② ③ ④
40	① ② ③ ④
41	① ② ③ ④
42	① ② ③ ④
43	① ② ③ ④
44	① ② ③ ④

45 포도당이 체내에서 하는 기능이 아닌 것은?

① 필수아미노산으로 전환된다.
② 에너지원이 된다.
③ 과잉 포도당은 지방으로 전환된다.
④ 적절한 혈당을 유지한다.

46 다음 중 골격과 치아 구성 성분인 무기질은 무엇인가?

① 구리(Cu) ② 마그네슘(Mg)
③ 요오드(I) ④ 코발트(Co)

47 하루 필요 열량이 2,700kcal일 때 이 중 12%에 해당하는 열량을 단백질에서 얻으려 한다. 이때 필요한 단백질의 양은?

① 61g ② 71g
③ 81g ④ 91g

48 무기질의 기능이 아닌 것은?

① 우리 몸의 경조직 구성 성분이다.
② 열량을 내는 열량 급원이다.
③ 효소의 기능을 촉진시킨다.
④ 세포의 삼투압 평형유지 작용을 한다.

49 다음 연결 중 관계가 먼 것끼리 묶인 것은?

① 비타민 B_1–각기병
② 비타민 C–괴혈병
③ 비타민 D–안구 건조증
④ 비타민 A–야맹증

답안 표기란

45	①	②	③	④
46	①	②	③	④
47	①	②	③	④
48	①	②	③	④
49	①	②	③	④

50 빵류제품 제조 공정의 4대 중요 관리항목에 속하지 않는 것은?

① 시간관리 ② 온도관리
③ 공정관리 ④ 영양관리

51 팥앙금류, 잼, 케첩, 식품 가공품에 사용하는 보존료는?

① 소르빈산 ② 데히드로초산
③ 프로피온산 ④ 파라옥시 안식향산 부틸

52 다음 중 부패로 볼 수 없는 것은?

① 육류의 변질 ② 달걀의 변질
③ 어패류의 변질 ④ 열에 의한 식용유의 변질

53 다음 중 병원체가 바이러스인 질병은?

① 유행성 간염 ② 결핵
③ 발진티푸스 ④ 말라리아

54 감염형 식중독에 해당되지 않는 것은?

① 살모넬라균 식중독
② 포도상구균 식중독
③ 병원성 대장균 식중독
④ 장염 비브리오균 식중독

55 조리빵류의 부재료로 활용되는 육가공품의 부패로 인해 암모니아와 염기성 물질이 형성될 때 pH의 변화는?

① 변화가 없다.
② 산성이 된다.
③ 중성이 된다.
④ 알칼리성이 된다.

답안 표기란

50	①	②	③	④
51	①	②	③	④
52	①	②	③	④
53	①	②	③	④
54	①	②	③	④
55	①	②	③	④

56 흰색의 결정성 분말이며 냄새는 없고, 일반적으로 단맛이 설탕의 200배 정도 되는 아미노산계 식품 감미료는?

① 에틸렌글리콜 ② 아스파탐
③ 페릴라르틴 ④ 사이클라메이트

57 어육이나 식육의 초기부패를 확인하는 화학적 검사 방법으로 적합하지 않은 것은?

① 휘발성 염기질소량의 측정
② pH의 측정
③ 트리메틸아민 양의 측정
④ 탄력성의 측정

58 식품의 처리, 가공, 저장 과정에서 오염에 대한 설명으로 바르지 못한 것은?

① 농산물의 재배, 축산물의 성장과정 중에서 1차 오염이 있을 수 있다.
② 수확, 채취, 어획, 도살 등의 처리과정에서 2차 오염이 있을 수 있다.
③ 양질의 원료와 용수로 1차 오염을 방지할 수 있다.
④ 종업원의 철저한 위생 관리만으로도 2차 오염을 방지할 수 있다.

59 다음 중 세균과 바이러스의 중간에 속하는 것은?

① 진균류 ② 원충류
③ 리케차 ④ 스피로헤타

60 착색료에 대한 설명으로 틀린 것은?

① 천연색소는 인공색소에 비해 값이 비싸다.
② 타르색소는 카스테라에 사용이 허용되어 있다.
③ 인공색소는 색깔이 다양하고 선명하다.
④ 레토르트 식품에서 타르색소가 검출되면 안 된다.

답안 표기란

56	①	②	③	④
57	①	②	③	④
58	①	②	③	④
59	①	②	③	④
60	①	②	③	④

제빵기능사 필기 빈출 문제 ⑩

수험번호 :
수험자명 :

제한 시간 : 60분
남은 시간 : 60분

QR코드를 스캔하면 스마트폰을 활용한 모바일 모의고사를 이용할 수 있습니다.

전체 문제 수 : 60
안 푼 문제 수 :

답안 표기란

1 ① ② ③ ④
2 ① ② ③ ④
3 ① ② ③ ④
4 ① ② ③ ④

1 표준스트레이트법으로 식빵을 만들 때 반죽 온도로 가장 적합한 것은?

① 12~14℃ ② 16~18℃
③ 26~27℃ ④ 33~34℃

2 냉각 손실에 대한 설명으로 틀린 것은?

① 식히는 동안 수분 증발로 무게가 감소한다.
② 여름철보다 겨울철이 냉각 손실이 크다.
③ 상대습도가 높으면 냉각 손실이 작다.
④ 냉각 손실은 5% 정도가 적당하다.

3 2차 발효 시 3가지 기본적 요소가 아닌 것은?

① 온도 ② pH
③ 습도 ④ 시간

4 빵류제품 제조에 있어 2차 발효실이 습도가 너무 높을 때 일어날 수 있는 결점은?

① 겉껍질 형성이 빠르다.
② 오븐 팽창이 적어진다.
③ 껍질색이 불균일해진다.
④ 수포가 생성되고 질긴 껍질이 되기 쉽다.

5 일반스트레이트법을 비상스트레이트법으로 전환할 때 필수적 조치가 아닌 것은?

① 물 사용량을 1% 증가시킨다.
② 이스트 사용량을 2배로 증가시킨다.
③ 설탕 사용량을 1% 증가시킨다.
④ 반죽 시간을 증가시킨다.

6 어린반죽으로 만든 제품의 특징과 거리가 먼 것은?

① 내상의 색상이 검다.
② 신 냄새가 난다.
③ 부피가 작다.
④ 껍질의 색상이 진하다.

7 빵류제품 제조 시 정형(make-up)의 범위에 들어가지 않는 것은?

① 둥글리기
② 분할
③ 성형
④ 2차 발효

8 빵의 원재료 중 밀가루의 글루텐 함량이 많을 때 나타나는 품질적 결함이 아닌 것은?

① 겉껍질이 두껍다.
② 기공이 불규칙하다.
③ 비대칭성이다.
④ 윗면이 검다.

9 빵류제품 제조 시 팬기름의 조건으로 적합하지 않은 것은?

① 발연점이 낮을 것
② 무취일 것
③ 무색일 것
④ 산패가 잘 안 될 것

답안 표기란

5	① ② ③ ④
6	① ② ③ ④
7	① ② ③ ④
8	① ② ③ ④
9	① ② ③ ④

10 중간발효에 대한 설명으로 틀린 것은?

① 중간발효는 온도 30℃ 이내, 상대습도 75% 전후에서 실시한다.
② 반죽의 온도, 크기가 따라 시간이 달라진다.
③ 반죽의 상처회복과 성형을 용이하게 하기 위함이다.
④ 상대습도가 낮으면 덧가루 사용량이 증가한다.

11 냉동반죽법에서 1차 발효시간이 길어질 경우 일어나는 현상은?

① 냉동 저장성이 짧아진다.
② 제품의 부피가 커진다.
③ 이스트의 손상이 작아진다.
④ 반죽 온도가 낮아진다.

12 다음 중 정상적인 스펀지 반죽을 발효시키는 동안 스펀지 내부의 온도 상승은 어느 정도가 가장 바람직한가?

① 1~2℃ ② 4~6℃
③ 8~10℃ ④ 12~14℃

13 식빵 제조에 있어서 소맥분의 4%에 해당하는 탈지분유를 사용할 때 제품에 나타나는 영향으로 틀린 것은?

① 빵 표피색이 연해진다.
② 영양 가치를 높인다.
③ 맛이 좋아진다.
④ 제품 내상이 좋아진다.

14 전체 발효시간이 90분일 경우 펀치(punch)는 언제 행하는가?

① 믹싱 직후 ② 발효 시작 30분 후
③ 발효 시작 60분 후 ④ 발효 시작 90분 후

15 빵의 노화를 억제하는 방법이라 할 수 없는 것은?

① 수분 함량의 조절 ② 냉동법
③ 설탕의 감소 ④ 유화제의 사용

답안 표기란

10	①	②	③	④
11	①	②	③	④
12	①	②	③	④
13	①	②	③	④
14	①	②	③	④
15	①	②	③	④

답안 표기란

16 밀가루 속의 단백질 함량은 반죽의 흡수율과 밀접한 관련이 있다고 한다. 일반적으로 단백질 1%에 대하여 반죽 흡수율은 얼마나 증가하는가?

① 약 1.5% ② 약 2.5%
③ 약 3.5% ④ 약 5%

17 유지가 층상구조를 이루는 파이, 크로와상, 데니시 페이스트리 등의 제품은 유지의 어떤 성질을 이용한 것인가?

① 쇼트닝성 ② 가소성
③ 안정성 ④ 크림성

18 다음 중 25분 동안 동일한 분할량의 식빵 반죽을 구웠을 때 수분 함량이 가장 높은 굽기 온도는 몇 ℃인가?

① 190℃ ② 200℃
③ 210℃ ④ 220℃

19 스펀지의 밀가루 사용량을 증가시킬 때 나타나는 현상이 아닌 것은?

① 2차 믹싱의 반죽 시간 단축
② 반죽의 신장성 저하
③ 도 발효시간 단축
④ 스펀지 발효시간 증가

20 빵의 부피가 가장 크게 되는 경우는?

① 숙성이 안 된 밀가루를 사용할 때
② 물을 적게 사용할 때
③ 반죽이 지나치게 믹싱되었을 때
④ 발효가 더 되었을 때

답안 표기란

16	①	②	③	④
17	①	②	③	④
18	①	②	③	④
19	①	②	③	④
20	①	②	③	④

21 외부가치 7,100만 원, 생산가치 3,000만 원, 인건비 1,400만 원인 경우 노동분배율은 약 얼마인가?

① 20% ② 42%
③ 47% ④ 23%

22 식빵의 밑이 움푹 패이는 원인이 아닌 것은?

① 2차 발효실의 습도가 높을 때
② 팬의 바닥에 수분이 있을 때
③ 오븐 바닥열이 약할 때
④ 팬에 기름칠을 하지 않을 때

23 식빵에 있어 적당한 CO_2 생산을 하는 데 필요한 설탕의 적정 사용량은?

① 약 4% ② 약 10%
③ 약 15% ④ 약 23%

24 이스트 푸드의 구성 성분이 아닌 것은?

① 암모늄염 ② 질산염
③ 칼슘염 ④ 전분

25 연수의 광물질 함량 범위는?

① 280~340ppm ② 200~260ppm
③ 120~180ppm ④ 0~60ppm

26 다음 원가계산 구조 중 잘못된 것은?

① 직접 원가=직접 재료비+직접 노무비+직접 경비
② 제조 원가=직접 원가+제조 간접비
③ 총 원가=제조 원가+일반 관리비+직접 원가
④ 판매가격=총 원가+이익

답안 표기란

21 ① ② ③ ④
22 ① ② ③ ④
23 ① ② ③ ④
24 ① ② ③ ④
25 ① ② ③ ④
26 ① ② ③ ④

27 생이스트의 구성 비율이 올바른 것은?

① 수분 8%, 고형분 92% 정도
② 수분 92%, 고형분 8% 정도
③ 수분 70%, 고형분 30% 정도
④ 수분 30%, 고형분 70% 정도

28 달걀의 기포성과 포집성이 가장 좋은 온도는?

① 0℃ ② 5℃
③ 30℃ ④ 50℃

29 우유 단백질의 응고에 관여하지 않는 것은?

① 산 ② 레닌
③ 가열 ④ 리파아제

30 유지에 유리 지방산이 많을수록 어떠한 변화가 나타나는가?

① 발연점이 높아진다.
② 발연점이 낮아진다.
③ 융점이 높아진다.
④ 산가가 낮아진다.

31 다음 중 캐러멜화가 가장 빠른 것은?

① 설탕 ② 유당
③ 맥아당 ④ 포도당

32 밀알의 구조를 크게 3부분으로 나누었을 때 여기에 해당되지 않는 것은?

① 배아 ② 세포
③ 배유 ④ 외피

답안 표기란

27	① ② ③ ④
28	① ② ③ ④
29	① ② ③ ④
30	① ② ③ ④
31	① ② ③ ④
32	① ② ③ ④

33 지방의 불포화도를 측정하는 요오드값이 다음과 같을 때 불포화도가 가장 큰 건성유는?

① 50 미만
② 50~100 미만
③ 100~130 미만
④ 130 이상

34 주로 보리를 발아시켜 만들며 이스트의 먹이로 사용되는 이것은 무엇인가?

① 맥아
② 올리고당
③ 당밀
④ 이성화당

35 스트레이트법을 노타임 반죽법으로 변경할 때의 조치 사항으로 맞는 것은?

① 물 사용량을 2% 늘린다.
② 설탕 사용량을 1% 증가시킨다.
③ 산화제로 비타민 C를 사용한다.
④ 환원제로 비타민 C를 사용한다.

36 가수분해나 산화에 의하여 튀김기름을 나쁘게 만드는 요인이 아닌 것은?

① 온도
② 물
③ 산소
④ 비타민 E

37 아스파탐은 새로운 감미료로 칼로리가 매우 낮고 감미도는 높다. 아스파탐의 구성 성분은?

① 아미노산
② 전분
③ 지방
④ 포도당

38 유장에 탈지분유, 밀가루, 대두분 등을 혼합하여 탈지분유의 기능과 유사하게 한 제품은?

① 시유
② 농축우유
③ 대용분유
④ 전지분유

답안 표기란

33	①	②	③	④
34	①	②	③	④
35	①	②	③	④
36	①	②	③	④
37	①	②	③	④
38	①	②	③	④

39 영구적 경수(센물)를 사용할 때의 조치로 잘못된 것은?

① 소금 증가 ② 효소 강화
③ 이스트 증가 ④ 광물질 감소

40 다음 중 이당류로만 묶인 것은?

① 맥아당, 유당, 설탕
② 포도당, 과당, 맥아당
③ 설탕, 갈락토오스, 유당
④ 유당, 포도당, 설탕

41 소화된 영양소는 주로 어느 곳에 흡수되는가?

① 위장 ② 소장
③ 대장 ④ 간장

42 탄수화물의 대사에 대한 설명 중 틀린 것은?

① 포도당으로부터 글리코겐을 합성하여 저장한다.
② 혐기성 상태에서 젖산을 생성한다.
③ 호기성 상태에서 TCA회로를 거쳐 완전 산화되어 이산화탄소와 물이 된다.
④ 과잉 섭취 시 지방의 산화가 불충분하여 대사 이상이 발생한다.

43 지질 대사에 관계하는 비타민이 아닌 것은?

① 판토텐산 ② 나이아신
③ 리보플라빈 ④ 엽산

44 단위당 판매가격이 70원, 단위당 변동비가 50원, 고정비가 5,000원이라고 하면 손익분기점의 판매량은 얼마인가?

① 150개 ② 200개
③ 250개 ④ 300개

답안 표기란

39 ① ② ③ ④
40 ① ② ③ ④
41 ① ② ③ ④
42 ① ② ③ ④
43 ① ② ③ ④
44 ① ② ③ ④

45 지방을 유화시켜 흡수를 돕는 대표적인 것은?

① 리파아제　　② 스테압신
③ 담즙산　　④ 라피노스

46 포도당과 결합하여 젖당을 이루며 뇌신경 등에 존재하는 당류는?

① 과당　　② 만노오스
③ 리보오스　　④ 갈락토오스

47 빵, 과자 속에 함유되어 있는 지방이 리파아제의 의해 소화되면 무엇으로 분해되는가?

① 동물성 지방+식물성 지방
② 글리세롤+지방산
③ 포도당+과당
④ 트립토판+리신

48 밀가루가 75%의 탄수화물, 10%의 단백질, 1%의 지방을 함유하고 있다면 100g의 밀가루를 섭취하였을 때 얻을 수 있는 열량은?

① 386kcal　　② 349kcal
③ 317kcal　　④ 307kcal

49 무기질에 대한 설명으로 틀린 것은?

① 황(S)은 당질 대사에 중요하며, 혈액을 알칼리성으로 유지시킨다.
② 칼슘(Ca)은 주로 골격과 치아를 구성하고 혈액응고 작용을 돕는다.
③ 나트륨(Na)은 주로 세포 외액에 들어있고 삼투압 유지에 관여한다.
④ 요오드(I)는 갑상선 호르몬의 주성분으로 결핍되면 갑상선종을 일으킨다.

답안 표기란				
45	①	②	③	④
46	①	②	③	④
47	①	②	③	④
48	①	②	③	④
49	①	②	③	④

50 다음 중 단순다당류에 속하지 않는 것은?

① 펙틴
② 섬유소
③ 글리코겐
④ 이눌린

51 요소 수지 용기에서 이행될 수 있는 대표적인 유독 물질은?

① 에탄올
② 포름알데히드
③ 알루미늄
④ 주석

52 급성감염병을 일으키는 병원체로 포자는 내열성이 강하며 생물학전이나 생물테러에 사용될 수 있는 위험성이 높은 병원체는?

① 브루셀라병
② 탄저균
③ 결핵균
④ 리스테리아균

53 여름철에 빵의 부패 원인균의 곰팡이 및 세균을 방지하기 위한 방법으로 부적당한 것은?

① 작업자 및 기계, 기구를 청결히 하고 공장내부의 공기를 순환시킨다.
② 이스트 첨가량을 늘리고 발효 온도를 약간 낮게 유지하면서 충분히 굽는다.
③ 초산, 젖산 및 사워 등을 첨가하여 반죽의 pH를 낮게 유지한다.
④ 보존료인 소르빈산을 반죽에 첨가한다.

54 위생동물의 일반적인 특성이 아닌 것은?

① 식성 범위가 넓다.
② 음식물과 농작물에 피해를 준다.
③ 병원미생물을 식품에 감염시키는 것도 있다.
④ 발육기간이 길다.

답안 표기란

50	①	②	③	④
51	①	②	③	④
52	①	②	③	④
53	①	②	③	④
54	①	②	③	④

55 다음 중 갈고리촌충이라고도 하며 돼지에 의해 감염되는 기생물은 무엇인가?

① 무구조충 ② 선모충
③ 유구조충 ④ 톡소플라스마

56 식중독으로 의심되는 증세를 보이는 자를 발견하면 집단급식소의 설치·운영자는 지체 없이 누구에게 이 사실을 보고하여야 하는가?

① 시장·군수·구청장
② 가축위생연구소장
③ 보건복지부장관
④ 국립보건연구원장

57 투베르쿨린(tuberculin) 반응검사 및 X선 촬영으로 감염 여부를 조기에 알 수 있는 인수공통감염병은?

① 돈단독 ② 탄저
③ 결핵 ④ 야토병

58 장염 비브리오균에 감염되었을 때 나타나는 주요 증상은?

① 급성위장염 질환 ② 피부농포
③ 신경마비 증상 ④ 간경변 증상

59 공기와의 접촉이 차단된 상태에서만 생존할 수 있어 산소가 있으면 사멸되는 균은?

① 호기성균 ② 편성 호기성균
③ 통성 혐기성균 ④ 편성 혐기성균

60 다음 중 세균성 식중독 예방을 위한 일반적인 원칙이 아닌 것은?

① 먹기 전에 가열처리 할 것
② 가급적 조리 직후에 먹을 것
③ 설사환자나 화농성 질환이 있는 사람은 식품을 취급하지 않도록 할 것
④ 실온에서 잘 보관하여 둘 것

답안 표기란

55	① ② ③ ④
56	① ② ③ ④
57	① ② ③ ④
58	① ② ③ ④
59	① ② ③ ④
60	① ② ③ ④

NCS 국가직무능력표준 교육과정 반영

빈출 문제 10회

★★★

따로 보는

정답과 해설

★★★

★ 문제와 정답의 분리로 수험자의 실력을 정확하게 체크할 수 있습니다. ★

★ 틀린 문제는 꼭 표시했다가 해설로 복습하세요. ★

★ 정답과 해설을 가지고 다니며 오답노트로 활용할 수 있습니다. ★

다락원

제빵기능사 필기 빈출 문제 ❶ 정답 및 해설

정답

문제 본문 88p

1	④	2	④	3	②	4	①	5	④	6	③	7	①	8	③	9	①	10	②
11	①	12	②	13	③	14	③	15	③	16	①	17	③	18	④	19	③	20	②
21	④	22	③	23	②	24	④	25	②	26	③	27	①	28	③	29	②	30	①
31	③	32	④	33	④	34	③	35	③	36	③	37	①	38	③	39	②	40	④
41	②	42	④	43	①	44	③	45	②	46	③	47	③	48	②	49	①	50	③
51	②	52	②	53	①	54	③	55	④	56	②	57	②	58	①	59	①	60	②

해설

1 이형유의 특징
- 발연점이 높은 기름 사용
- 반죽 무게의 0.1~0.2% 정도 사용
- 틀이나 팬을 실리콘으로 코팅하면 이형유의 사용을 줄일 수 있음
- 팬 오일이 과다하면 빵 밑껍질이 두껍고 색이 진해짐

2 스트레이트법에서 설탕 5% 이상일 때
삼투압이 작용하여 이스트의 작용을 지연시킴

3 유지를 첨가하는 단계
유지는 밀가루의 수화를 방해하므로 반죽이 수화되어 덩어리를 형성하는 클린업 단계에 첨가

4 적량보다 많은 분유를 사용했을 때 ★★
- 껍질색은 캐러멜화에 의하여 검어짐
- 모서리가 예리하고 터지거나 슈레드가 적음
- 세포벽이 두꺼우므로 황갈색을 나타냄
  → 분유에는 단백질이 다량 함유되어 있어 밀가루의 구조력을 보완해주기 때문에 빵의 옆면이나 바닥이 움푹 들어가는 현상이 발생하지 않음

5 중간발효의 목적
- 분할과 둥글리기 공정에서 글루텐 구조 재정비
- 가스 발생으로 반죽의 유연성 회복
- 반죽의 신장성을 증가시켜 성형과정에서 밀어펴기를 쉽게 해주며 반죽의 찢어짐 방지
- 반죽 표면에 얇은 막을 형성하여 성형 시, 끈적거리지 않도록 함

6 비상스트레이트법 반죽의 적온
비상스트레이트법은 발효를 촉진시키기 위해 반죽 온도를 표준 스트레이트법보다 높은 30~31℃ 정도로 함

7 믹서

수직형 믹서	주로 소규모 제과점에서 사용 케이크나 빵 반죽에 이용
수평형 믹서	많은 양의 빵 반죽을 만들 때 사용
스파이럴 믹서	나선형 훅이 내장되어 있는 믹서 프랑스빵, 독일빵과 같은 빵 반죽에 사용

8 제품별 굽기 손실률
- 식빵류 : 11~12%
- 풀먼식빵 : 7~9%
- 단과자빵 : 10~11%
- 하스브레드(바게트) : 20~25%
  → 굽기손실 : 굽기의 공정을 거친 후 빵의 무게가 줄어드는 현상

9 정형기

중간발효를 마친 반죽을 밀기, 말기, 봉하기의 작동 공정을 거쳐 원하는 모양을 만드는 기계

10 둥글리기의 목적

- 반죽의 기공을 고르게 함
- 반죽 표면에 얇은 막을 형성하여 끈적거림 제거
- 글루텐 구조와 방향 정돈
- 반죽의 성형하기에 적당한 상태로 만듦
- 가스 포집을 돕고, 가스를 보유할 수 있는 구조 만듦

11 생산관리

경영기구에 있어 사람(man), 재료(material), 자금(money)의 3대 요소를 적절하게 사용하여 좋은 물건을 저렴한 비용으로 필요한 물량을 필요한 시기에 만들어 내기 위한 관리 또는 경영을 위한 수단과 방법

12 변경할 이스트량 계산 공식

- 변경할 이스트량

$$= \frac{\text{기존 이스트량} \times \text{최적 발효시간}}{\text{변경하고자 하는 발효시간}}$$

$$\rightarrow 2.2\% = \frac{2\% \times 120\text{분}}{x\text{분}}$$

$$\rightarrow x\text{분} = \frac{2.4}{0.022} \fallingdotseq 109.09$$

13 얼음 사용량 계산 공식

- 얼음 사용량

$$= \frac{\text{물 사용량} \times (\text{수돗물 온도} - \text{계산된 물 온도})}{80 + \text{수돗물 온도}}$$

$$\rightarrow \frac{1000 \times (20-(-7))}{80+20} = 270\text{g}$$

14 발효 손실

구분	크다	작다
반죽 온도	높을수록	낮을수록
발효시간	길수록	짧을수록
배합률	저배합	고배합
발효실의 온도	높을수록	낮을수록
발효실의 습도	낮을수록	높을수록

15 2차 발효의 적온

2차 발효에서 사용되는 온도는 33~54℃, 일반적으로 사용하는 적합온도는 35~40℃

16 오븐 온도가 낮을 때 ★★

- 빵의 부피가 크고 기공이 거칢
- 껍질이 부스러지기 쉬움
- 굽기 손실 많음
- 2차 발효가 지나친 것과 비슷한 현상이 나타남

17 냉동반죽법의 장점

- 계획생산 가능
- 발효시간이 줄어 제조시간 단축
- 반죽의 냉동보관으로 저장 기간 연장
- 노동력, 설비, 작업공간이 절약되어 인당 생산량 증가

18 발효에 영향을 주는 요소

- 이스트의 양과 질
- 반죽 온도
- 반죽의 산도
- 삼투압
- 당의 사용량
- 소금의 양 등

19 팬 오일의 조건

- 무색, 무미, 무취
- 발연점이 높음
- 산패에 대한 안정성 높음(항산화성)

20 생산가치율 계산 공식 ★★

- 생산가치율(%)

$$= \frac{\text{생산가치}}{\text{생산금액}} \times 100$$

$$\rightarrow \frac{500{,}000}{2{,}000{,}000} \times 100 = 25\%$$

21 과발효

- 부피 : 커짐
- 향 : 강함
- 맛 : 신맛
- 껍질 : 두꺼움
- 팬흐름 : 커짐

22 캐러멜화 시작 온도

굽기 중 표피 부분이 150~160℃를 넘어서면 당과 아미노산이 멜라노이드를 만드는 마이야르 반응과 당의 캐러멜화 반응이 일어남

23 최고 부피를 얻는 유지의 양

4% 정도(다른 재료의 양이 모두 동일하다고 보았을 때)

24 호화 온도와 이스트 사멸 온도

빵 속 온도가 54℃가 넘으면 전분의 호화가 시작되고 이스트는 60~63℃ 정도에서 사멸함

25 노화가 빨리 발생하는 온도

냉장 온도(0~10℃)

26 기본 계산

1,000 : 180분 = 1,500 : x분

$$\rightarrow x = \frac{180 \times 1{,}500}{1{,}000} = 270\text{분}$$

1명이 빵 1,000개를 만들 때 3시간(180분)이 걸리면 1,500개를 만들 때는 270분이 걸림 따라서 30분 안에 빵을 1,500개 만들려면

270/30 = 9명

27 포장지의 구비 조건

- 위생적
- 제품의 파손 방지(보호성)
- 작업 용이
- 가격 저렴

28 비상반죽법

1차 발효시간을 단축하여 전체 공정 시간을 줄이는 방법

29 냉동반죽법

-40℃에서 급속 냉동, 5~10℃의 냉장고에서 15~16시간 완만 해동

30 포장 전 빵의 온도가 너무 낮을 때

빵의 껍질이 건조해져서 노화가 빨리 진행되어 빵이 딱딱해짐

31 마가린

반죽의 탄성을 약화시켜 껍질이 잘 부서지게 만듦

32 글리아딘

- 밀가루 단백질 중 약 36% 차지
- 물에 녹지 않고 70% 알코올에 녹음
- 반죽의 신장성과 점성을 높힘

33 이스트에 들어있는 효소

말타아제, 인버타아제, 찌마아제, 프로테아제, 리파아제

34 칼슘염

물 조절제, 물의 경도 조절

→ 이스트 푸드 : 칼슘염, 인산염, 암모늄염, 전분으로 구성

35 밀가루 반죽의 제빵적성 시험기계

익스텐소그래프	반죽의 신장성과 신장에 대한 저항성을 측정
아밀로그래프	밀가루의 호화 온도, 호화 정도, 점도의 변화를 파악
패리노그래프	글루텐 질을 측정

36 손상전분 ★★

- 수분을 잘 흡수하여 흡수율을 높임
- 전분의 겔(gel) 형성에 도움
- 발효성 탄수화물을 생성하여 발효를 빠르게 도움
- 굽기 과정 중 적정 수준의 덱스트린 형성

37 이스트

- 단세포 생물로 출아법에 의해 증식
- 수분 함량 : 생이스트 70~75%, 건조이스트 7.5~9%
- 28~32℃에서 발효력 최대

38 아밀로그래프 수치
일반적으로 양질의 빵 속을 만들기 위한 아밀로그래프 수치의 범위는 400~600B.U가 적당

39 반죽을 강화시키는 재료
소금, 산화제, 탈지분유

40 알칼리성의 물
이스트나 효소의 적정 pH가 4~5로 내려가는 것을 방해하기 때문에 유산을 첨가하여 pH를 낮춰줌

41 유당
이당류로 장내세균의 발육을 촉진시켜 장에 좋은 영향을 미침

42 글리코겐
- 동물의 체내에 저장되는 다당류 중 하나
- 에너지원으로 사용
- 간과 근육에서 합성

43 지용성 비타민
지방이나 유기용매에 녹는 비타민, 비타민 A, D, E, K 등

44 담즙 ★★
간에서 콜레스테롤의 최종 대사산물로 만들어져 지방의 소화를 돕는 역할

45 물의 기능
- 영양소와 노폐물 운반
- 체온 조절
- 침, 땀, 소화액 등의 분비액 주성분

46 칼슘의 흡수를 방해하는 물질 ★★
시금치의 수산(옥살산), 콩류의 피트산

47 비타민 B_3(나이아신) 결핍증
피부병, 식욕부진, 설사, 우울증 등의 증세를 나타내는 펠라그라증

48 빈혈 예방 영양소
- 철분, 비타민 B_{12} : 혈액을 생성하는 중요한 역할, 부족 시 빈혈
- 코발트(Co) : 비타민 B_{12}의 구성 성분

49 생산관리 ★★
설비 가동률, 직원들의 출근율, 원재료율 등을 매일 점검하여 손실을 방지해야 함

50 탄수화물 기능
- 에너지 공급
- 단백질 절약 작용
- 분해되면 포도당 생성
  → 단백질, 무기질 : 뼈의 구성 성분

51 병원소
- 병원체가 생존, 증식을 계속하여 인간에게 전파될 수 있는 상태로 저장되는 곳
- 사람, 동물, 토양 등

52 HACCP
- 준비단계 5절차, 적용단계 7원칙으로 나뉨
- HACCP 팀 구성은 준비단계 5절차에 속함

53 유화제
물과 기름처럼 서로 혼합이 잘 되지 않는 두 종류의 액체를 혼합하고 분산시켜주는 첨가물

54 고시폴
목화씨의 독성물질
→ 면실유 : 목화씨를 압착하여 만든 기름

55 우리나라 3대 식중독 원인 세균 ★★
살모넬라균, 포도상구균, 장염 비브리오균

56 위생동물 구제 원칙
- 발생원 및 서식처 제거
- 발생 초기에 실시하는 것이 효과적
- 생태습성을 정확히 파악하여 생태습성에 따라 구제
- 동시에 광범위하게 실시

57 보존료
미생물에 의한 부패나 변질을 방지하고 화학적인 변화를 억제하며 보존성을 높이고 영양가 및 신선도를 유지하는 목적으로 첨가하는 것

58 바이러스에 의한 질병
급성회백수염(소아마비, 폴리오), 유행성 간염, 전염성 설사증, 홍역 등

59 자외선 살균법

살균력이 높은 2,500~2,800Å의 자외선을 사용하여 미생물을 제거하는 방법으로 집단급식시설이나 식품 공장의 실내 공기 소독, 조리대의 소독 등 작업공간의 살균에 적합

60 식품의 변질요인

수분, 온도, 산소, pH 등

제빵기능사 필기 빈출 문제 ② 정답 및 해설

정답

문제 본문 98p

1	②	2	②	3	①	4	①	5	②	6	①	7	②	8	③	9	④	10	②
11	②	12	④	13	①	14	③	15	③	16	③	17	②	18	①	19	③	20	③
21	④	22	②	23	①	24	③	25	①	26	③	27	①	28	④	29	②	30	①
31	④	32	③	33	②	34	①	35	①	36	④	37	③	38	②	39	④	40	①
41	④	42	④	43	④	44	④	45	①	46	①	47	④	48	④	49	④	50	②
51	②	52	④	53	③	54	①	55	②	56	④	57	④	58	④	59	③	60	②

해설

1 밀어펴기
중간발효가 끝난 생지를 밀대를 이용해 가스를 고르게 분산시키는 작업

2 후염법 ★★
소금을 제외한 모든 재료를 넣고 반죽하다가 소금을 클린업 단계 이후에 넣어 믹싱 시간을 단축하는 방법

3 총 원가
제조 원가+판매비+일반 관리비

4 냉동생지법
반죽의 온도는 20℃

5 노화의 최적 온도 ★★
0~10℃(냉장 온도)
→ 노화 정지 : −18℃, 21~35℃

6 2차 발효가 지나친 경우
- 부피가 너무 큼
- 껍질색이 여림
- 기공이 거침
- 신 냄새가 남

7 제품별 굽기 손실률
- 일반식빵류 : 11~13%
- 하스 브레드(바게트) : 20~25%
- 풀먼식빵 : 7~9%
- 단과자빵 : 10~11%

8 제품평가의 기준
- 외관평가 : 터짐성, 균형, 부피, 굽기의 균일화, 껍질색
- 내관평가 : 조직, 기공, 속결 색깔
- 식감평가 : 냄새, 맛

9 제품별 믹싱 완료단계
- 픽업 단계 : 데니시 페이스트리
- 클린업 단계 : 스펀지 도우법의 스펀지 반죽
- 발전 단계 : 하스브레드
- 최종 단계 : 식빵, 단과자빵류
- 렛 다운 단계 : 햄버거빵

10 스트레이트법의 이상적인 반죽 온도
27℃

11 기본 계산

- 완제품 전체 무게
  → 600×10 = 6,000g
- 손실 전 반죽 무게
  → 6,000g÷(1−0.2) = 7,500g
- 밀가루 무게
  $= \frac{\text{밀가루 비율(\%)×총 반죽 무게(g)}}{\text{총 배합률(\%)}}$
  → $\frac{100\%\times7{,}500}{150\%}$ = 5,000g = 5kg

12 제빵 기계

- 믹서 : 반죽을 만들 때 사용하는 기계
- 오버헤드 프루퍼 : 정형하기 전 중간발효를 위한 기계
- 정형기 : 밀어펴기, 말기 등 정형을 위한 기계
- 라운더 : 분할된 반죽을 자동으로 둥글리기 하는 기계

13 데니시 페이스트리 반죽의 적온

18~22℃

14 사용할 물 온도 계산 공식

- 사용할 물의 온도
  = (희망 온도×3)−(밀가루 온도+실내온도+마찰계수)
  → (27×3)−(20+20+30) = 81−70 = 11

15 냉동반죽법

1차 발효 또는 성형 후 −40℃로 급속 냉동시켜 −20℃ 전후로 보관한 후 해동시켜 제조하는 방법

16 마이야르 반응 속도

- 단당류가 이당류보다 빠름
- 감미도가 높은 당이 반응속도가 빠름
- 과당 〉 포도당 〉 설탕

17 얼음 사용량 계산 공식

얼음 사용량을 구하기 전 마찰계수와 사용할 물 온도를 구해야 함

- 마찰계수
  = (결과 반죽 온도×3)−(실내온도+밀가루 온도+수돗물 온도)
  → (30×3)−(26+22+17) = 25
- 사용할 물 온도
  = (희망 반죽 온도×3)−(실내온도+밀가루 온도+마찰계수)
  → (27×3)−(26+22+25)=8
- 얼음 사용량
  $= \frac{\text{물 사용량×(수돗물 온도−사용할 물 온도)}}{\text{80+수돗물 온도}}$
  → $\frac{1{,}000\times(17-8)}{80+17}$ = 92.8g ≒ 93g

18 건포도 식빵

건포도에 당이 많이 함유되어 있어 껍질색이 빨리 진해지므로 윗불을 아랫불보다 약간 약하게 함

19 노무비(인건비) 절감 방법 ★★

생산성 향상
→ 설비 휴무 : 생산성을 떨어뜨림

20 산형 식빵의 비용적

3.2~3.5cm^3/g
→ 풀먼 식빵 : 3.4~4.0cm^3/g

21 노화

- 빵 속은 건조하고 거칠게 되어 탄력성을 잃고 신선한 향미를 잃는 것
- 원인1 : 빵 속 수분의 표피 이동 및 전체적인 수분 증발
- 원인2 : 수분과 관계없이 빵의 α−전분이 퇴화하여 β−전분이 되는 것

22 경도

물에 녹아있는 칼슘염과 마그네슘염을 이것에 상응하는 탄산칼륨의 양으로 환산해 ppm으로 나타낸 것

경수	180ppm 이상
연수	60ppm 이하
아연수	61~120ppm
아경수	120~180ppm

23 빵에서 탈지분유의 역할★★

- 조직 개선
- 완충제 역할
- 껍질색 개선
- 수분 흡수율 증가
- 영양 강화

24 플로어 타임을 길게 주어야 할 경우

반죽 온도가 낮을 때(발효 속도가 떨어지기 때문)

25 숙성한 밀가루★★

- pH가 낮아서 발효 촉진
- 환원성 물질이 산화되어 글루텐 파괴 감소
- 황색의 색소는 산화되어 무색이 되므로 흰색을 띰
- 글루텐의 질 개선 및 흡수성 향상

26 빵을 구웠을 때 갈변

표피 부분이 150~160℃를 넘어서면 당과 아미노산이 멜라노이드를 만드는 마이야르 반응과 당의 캐러멜화 반응이 일어나 껍질색이 진하게 남

27 건조이스트의 활성

생이스트는 고형질이 30%, 건조이스트는 고형질이 90%이므로 이론적인 사용량은 1/3 정도이지만 건조, 유통, 수화 과정 중 죽은 세포가 생기므로 실제로는 생이스트의 40~50%를 사용하므로 건조이스트가 생이스트에 비하여 약 2배 정도의 활성을 함

28 이스트가 분해하는 당류★★

포도당, 과당, 맥아당, 설탕

→ 유당 분해효소가 없어 유당을 발효시키지 못함

29 이스트 푸드의 성분

이스트는 질소, 인산, 칼륨의 3대 영양소를 필요로 하는데 암모늄염은 이 중 부족한 질소를 공급하는 것으로 염화암모늄, 황산암모늄, 인산암모늄 등이 있음

30 건조 글루텐 계산 공식

- 젖은 글루텐(%)

$$= \frac{\text{젖은 글루텐 중량}}{\text{밀가루 중량}} \times 100$$

$$\rightarrow \frac{15}{50} \times 100 = 30\%$$

- 건조 글루텐(%)

= 젖은 글루텐(%)÷3

→ 30÷3 = 10%

31 호밀★★

펜토산의 함량이 높아 글루텐의 형성을 방해하므로 빵의 구조 형성을 어렵게 하기에 밀가루와 섞어 쓰며 사워종이나 발효종을 사용하면 글루텐 형성 방해를 완화

32 아밀로오스

- 일반 곡물 전분 속에 약 17~28% 존재
- 비교적 적은 분자량을 가짐
- 요오드 용액에 청색 반응을 일으킴
- 아밀로펙틴에 비하여 호화 및 노화(퇴화)가 빠르게 일어남

33 달걀의 역할

영양가치 증가, 유화제, 조직구성 및 강화, 팽창제, 색상과 풍미의 증진 등

34 단백질 분해효소★★

브로멜린, 파파인, 피신

→ 리파아제 : 지방 분해효소

35 전분의 물리적 성질★★

전분은 종류에 따라 개체의 모양, 크기 등이 모두 다르며 팽윤, 호화, 노화 및 반죽의 점도 등 물리적 성질이 모두 다름

36 β-아밀라아제 ★★

- α-1,4 결합을 가수분해하고 α-1,6 결합은 분해하지 못해 외부 아밀라아제라고도 함
- 전분이나 덱스트린을 분해하여 맥아당을 만드는 당화효소
- 아밀로오스의 말단에서 시작하여 포도당 2분자씩을 끊어가면서 분해
- 전분의 구조가 아밀로펙틴인 경우 약 52%까지만 가수분해

37 밀가루에 가장 많이 함유된 물질

밀가루에는 탄수화물이 70% 정도를 차지하며 그 중 대부분은 전분으로 구성되어 있음

38 소맥분에 수분이 많을 때 ★★

소맥분 속의 수분 함량은 10~14% 정도이며, 수분 함량이 14% 이상 되면 곰팡이가 피기 쉽고 해충 등이 번식하기 쉬우며 고형분의 함량도 적어짐

39 설탕의 기능

수분 보유력이 높아 제품에 수분을 많이 남기는 보습제의 역할, 보습제 기능은 제품의 노화를 지연시켜 저장 수명을 증가시킴

40 유지의 기능

안정화, 가소성, 유화성

→ 감미제 : 식품에 단맛을 주는 당류의 기능

41 탄수화물의 기능

- 에너지 공급원
- 지방 대사에 관여
- 정상적인 활동을 위한 혈당 유지

→ 단백질의 기능 : 나이아신(B_3) 합성

42 제품의 가치

사용가치, 귀중가치, 코스트가치, 교환가치

43 필수아미노산

이소루신, 루신, 리신(라이신), 발린, 메티오닌, 트레오닌, 페닐알라닌, 트립토판

44 지방의 기능

- 지용성 비타민의 흡수를 도움
- 외부의 충격으로부터 장기 보호
- 높은 열량 제공

→ 섬유소의 기능 : 변의 크기를 증대시켜 장관 내 체류시간을 단축

45 불완전 단백질 식품

- 필수아미노산이 충분하지 않아 성장 지연이나 체중감소 등을 가져오는 단백질 식품
- 옥수수 단백질 제인(zein)은 필수아미노산인 라이신과 트립토판이 충분치 않음

46 단백질

약 20여종의 아미노산들이 펩티드결합으로 연결되어 있는 고분자 유기화합물

47 리파아제

췌장에서 분비되는 췌액에 들어있는 지방분해효소

48 대장 내의 작용 ★★

- 소장에서 흡수되지 않은 무기질과 수분의 흡수
- 소화되지 못한 물질의 부패가 이루어져 몸 밖으로 배출

49 단백질의 특징적 구성 성분

탄수화물과 지방은 탄소, 수소, 산소로 이루어져 있으나 단백질은 이 세 가지 원소 이외에 질소와 황, 인 등으로 이루어져 있음

50 무기질

식품을 태웠을 때 남는 회분

51 유지의 산패 정도를 나타내는 값

카르보닐가, 산가, 과산화물가, 아세틸가

52 교차오염

굽는 조리과정을 통해서는 교차오염이 발생하지 않음

53 브루셀라병 ★★

파상열이라고도 하며 인체에 감염 시 고열이 2~3주 동안 주기적으로 나타나는 감염병

54 요충 ★★
- 대장에 기생하는 기생충
- 경구 감염
- 항문 주위에 산란하여 항문 주위에 소양증이 생김
- 집단 감염이 잘 일어남

55 발효 vs 부패

발효	• 주로 탄수화물이 미생물에 의해 분해되어 유용한 물질로 변화, 생성되는 현상 • 식품의 향과 맛을 좋게 함 • 단백질의 발효에 의한 식품 : 치즈, 젓갈, 장류 등
부패	• 단백질이 미생물에 의해 분해되어 인체에 유해한 물질로 변화되는 것

56 부패를 판정하는 방법
- 관능 검사, 생균수 검사, 화학적 검사 등
- 관능 검사 : 시각, 촉각, 미각, 후각 등

57 둘신(dulcin) ★★
무색 결정의 인공 감미료로 설탕보다 250배의 단맛을 내지만, 몸 안에서 분해되면서 혈액독을 일으키므로 1968년부터 사용을 금지함

58 세균의 3가지 형태 분류 ★★
세균은 생긴 형태에 따라 구균류(둥근모양), 간균류(막대모양), 나선균류(나사모양)로 나눔

59 식품 내의 수분을 감소시키는 방법
건조, 농축, 탈수
→ 염장 : 식품에 소금을 첨가하여 삼투압을 높이는 방법

60 치사율이 높은 세균성 식중독
보툴리누스 A, B형에 의한 식중독은 치사율이 70% 정도나 됨

제빵기능사 필기 빈출 문제 ③ 정답 및 해설

정답

문제 본문 108p

1	②	2	①	3	③	4	①	5	④	6	②	7	③	8	②	9	①	10	③
11	①	12	①	13	③	14	②	15	①	16	③	17	④	18	②	19	④	20	①
21	③	22	②	23	④	24	④	25	③	26	③	27	①	28	④	29	④	30	②
31	①	32	①	33	②	34	②	35	③	36	①	37	③	38	④	39	③	40	③
41	③	42	④	43	③	44	②	45	②	46	②	47	②	48	③	49	②	50	①
51	③	52	③	53	①	54	④	55	④	56	②	57	③	58	②	59	①	60	①

해설

1 1차 발효 중 펀치를 하는 이유 ★★

- 반죽 온도를 균일하게 함
- 이스트의 활동에 활력을 줌
- 산소를 공급하여 산화와 숙성을 시키기 위함

2 소금의 과다와 부족

- 과다 : 삼투압 작용에 의해 부피가 작아짐
- 부족 : 부피가 커짐

3 밀가루 무게 계산 공식

- 완제품 전체 무게
  → 500g×500개 = 250,000g = 250kg
- 손실 전 반죽 무게
  → 250÷(1−0.02)÷(1−0.1) ≒ 283.4
- 밀가루 무게

$$= \frac{\text{밀가루 비율(\%)} \times \text{총 반죽 무게(g)}}{\text{총 배합율(\%)}}$$

$$\rightarrow \frac{100 \times 283.4}{190} \fallingdotseq 149.2$$

- 밀가루 포대
  → 149.2÷20 ≒ 8포대

4 건포도 전처리의 목적

- 건포도가 수분을 빼앗아 빵 속이 건조하지 않도록 함
- 건포도의 맛과 향을 살림
- 건포도가 빵과 잘 결합하도록 함
- 건포도의 씹는 촉감 개선

5 냉각

- 빵 속의 온도를 35~40℃, 수분 함량은 38%로 낮추는 것
- 목적 : 곰팡이나 세균의 피해를 막음, 빵의 절단 및 포장 용이

6 제빵용 밀가루의 손상전분 함량

4.5~8%

7 불란서빵을 굽기 전 스팀을 주입하는 이유 ★★

- 껍질을 얇고 바삭하게 함
- 껍질에 윤기가 나게 함

→ 스팀을 과다하게 주입할 경우 : 껍질이 질겨짐

8 제빵 기계

도우 컨디셔너	냉동, 냉장, 해동, 발효 등을 프로그래밍에 의해 자동적으로 조절하는 기계
스파이럴 믹서	불란서빵 등 하드계 빵 반죽에 적합
로터리 래크 오븐	철판을 래크 선반의 각 층에 넣은 채로 오븐에 넣어 회전시키면서 구움

9 식빵의 옅은 껍질색의 원인 ★★
- 연수 사용
- 1차 발효 과다
- 낮은 오븐 온도
- 덧가루 사용 과다
- 짧은 굽기 시간

10 비용적
- 반죽 1g당 차지하는 부피
- 일반 식빵 : 3.36cm³/g

11 이형유의 조건
- 산패에 강한 것
- 발연점이 210℃ 이상의 높은 것
- 무색, 무취, 무미를 띠는 것
  → 기름이 과다하면 밑껍질이 두껍고 색이 어두움

12 1인당 생산가치
생산가치÷인원수

13 냉동반죽 시 증가시키는 것
반죽을 냉동할 때 이스트가 많이 죽기 때문에 이스트의 양을 2배 정도 늘려 사용

14 최종제품의 부피가 정상보다 큰 원인 ★★
- 이스트 사용 과다
- 소금 사용량 부족
- 2차 발효 과다
- 낮은 오븐 온도
- 느슨한 정형
- 분할량 과다

15 식빵 밑바닥이 움푹 들어가는 결점에 대한 원인 ★★
- 2차 발효실 습도가 높고 지나친 경우
- 초기 굽기 단계의 지나치게 높은 오븐 온도
- 철판의 과도한 기름칠과 구멍이 없는 팬 사용
- 믹싱 조절의 오류

16 배합율의 기준
베이커스 퍼센트는 기준이 밀가루이고 백분율(True)은 기준이 전체 반죽량

17 브레이크(터짐)와 슈레드(찢어짐) 부족현상의 이유 ★★
- 발효가 부족했거나 과다했을 때
- 너무 높은 오븐 온도
- 2차 발효실의 온도가 낮거나 습도가 낮을 때
- 오븐의 증기가 부족했을 때

18 빵을 포장할 때
- 빵의 중심 온도 : 35~40℃
- 수분 함량 : 38%

19 글루텐 형성 단백질
글리아딘, 메소닌, 알부민, 글로불린
→ 수용성 단백질 : 알부민, 글로불린

20 분할기에 의한 식빵 분할시간
20분

21 모노글리세리드
빵의 수분을 보유하여 노화를 방지하는 유화제의 일종

22 냉동제법
1차 발효는 주로 생략하기에 믹싱 다음 공정은 분할 공정임

23 빵류제품의 생산 시 고려해야 할 원가요소 ★★
직접비 : 재료비, 노무비, 경비
→ 학술비 : 연구개발비로 원가요소와는 거리가 멂

24 ppm(part per million) ★★
g당 중량 백만분율

25 생이스트의 저장
0~5%의 냉장 온도에서 활동이 정지되기 때문에 냉장보관

26 제빵에 가장 적합한 물
아경수(121~180ppm)

27 요오드 정색 반응 ★★
- 아밀로펙틴 : 적자색
- 아밀로오스 : 청색

28 익스텐소그래프

반죽의 신장성과 신장에 대한 저항성을 측정하는 기기

29 마가린

- 버터의 대용품
- 식물성 유지 또는 동·식물성의 혼합 유지로 도 만듦
- 지방 80%, 우유 16.5%, 소금 0~3%, 유화제 0.5% 등으로 조성
  → 버터 : 순수 유지방으로만 만듦

30 우유가공품

치즈, 연유, 생크림
→ 마요네즈 : 달걀노른자에 소금과 식초, 식용유 등을 넣어 휘핑하여 만든 것

31 탈지분유의 성분

유당이 50% 정도로 가장 많이 함유

32 난황계수

- 신선한 달걀 : 0.36~0.44 정도
- 신선도가 떨어질수록 난황계수의 수치가 낮아짐

33 우유의 유당 함량

평균 4.8% 정도

34 압착효모의 구성★★

고형분 30~35%, 수분 65~75%

35 빵류제품 제조에 연수를 사용 시 조치 사항★★

- 가스보유력이 떨어지므로 발효시간을 짧게 함
- 반죽이 질어지므로 가수량을 2% 정도 감소시킴
- 이스트 푸드와 소금의 양을 늘려 경도 조절

36 소금(일반 식염)의 구성

99% 나트륨(Na), 염소(Cl)

37 검류★★

- 탄수화물인 다당류로 이루어져 있음
- 유화제, 안정제, 점착제 등으로 사용
- 낮은 온도에서도 높은 점성을 나타냄
- 냉수에 용해되는 친수성 물질

38 패리노그래프

반죽하는 동안 믹서 내에서 일어나는 물리적 성질을 파동 곡선 기록기로 기록하여 밀가루의 흡수율, 글루텐의 질, 믹싱 시간, 반죽의 점탄성을 측정하는 기계

39 카제인

산, 레닌, 폴리페놀 물질, 염류에 의해 응고됨

40 이스트 푸드

- 이스트의 영양원이 되는 것
- 구성 : 암모늄염(황산암모늄, 인산암모늄, 염화암모늄 등)

41 콜레스테롤★★

- 담즙의 성분
- 비타민 D_3의 전구체가 됨
- 지방 중 유도지방에 속함
- 다량 섭취 시 동맥경화의 원인 물질이 됨

42 조절영양소

- 인체에서 생리작용을 조절하는 영양소
- 무기질, 비타민

43 유당불내증의 증세★★

설사, 복부경련, 구토, 메스꺼움 등

44 지질

에너지 대사에 의하여 9kcal의 에너지를 내며 이산화탄소와 물로 분해됨

45 비타민 결핍증

- 비타민 A : 야맹증
- 비타민 B_1 : 각기병, 식욕부진, 피로, 부종 등
- 비타민 B_2 : 구내염
- 비타민 C : 괴혈병
- 비타민 D : 구루병

46 체내에서 사용된 단백질
요소와 요산으로 분해되어 소변을 통해 배출

47 열량 계산 공식

- 단백질과 탄수화물은 1g당 4kcal, 지방은 1g당 9kcal의 열량을 냄
→ (5g+3.5g)×4kcal+(3.7g×9kcal) = 34+33.3 = 67.3kcal

48 알코올의 흡수
위 20%, 소장 80% 정도

49 수분의 필요량을 증가시키는 요인
- 수분은 구토, 설사, 발열, 출혈, 화상, 수술 등에 의한 수분의 과잉배출 시
- 알코올 또는 카페인의 섭취로 인한 탈수 시

50 올리고당★★
- 3~10개의 단당류로 이루어진 탄수화물
- 과당류라고도 함
- 장내 비피더스균의 증식인자로 알려짐
- 소화가 어려워 에너지원으로는 사용되지 않음

51 모기를 매개체로 감염되는 질병★★
말라리아, 일본뇌염, 사상충증, 황열 등
→ 페스트 : 벼룩에 의한 질병

52 흑변물질★★
황화수소는 함황단백질의 부패에 의해서 생성되는 물질로 식품을 흑변시키는 원인

53 캄필로박터 제주니★★
미호기성 세균으로 3~6%의 산소에서만 생장하며 발육 온도는 약 30~46℃인 세균성 식중독균

54 유해 착색료
아우라민, 로다민 B

55 식품첨가물의 구비 조건
- 인체에 무해하고 체내에 축적되지 않을 것
- 미량으로 효과가 클 것
- 독성이 없거나 극히 적을 것
- 이화학적 변화에 안정할 것
- 식품에 나쁜 변화를 주지 않을 것
- 사용법이 간단하고 값이 저렴할 것

56 반수치사량(LD_{50})
- 일정한 조건하에서 실험동물의 50%를 사망시키는 물질의 양
- 독성을 나타내는 지표로 사용되는 것
- LD값과 독성은 반비례

57 클로스트리디움 보툴리늄 식중독
보툴리누스균 식중독을 가리키며 신경독소인 뉴로톡신을 생성하고 균과 포자는 내열성이 강함

58 산패
- 지방이 산화 등에 의해 악취, 변색이 일어나는 현상
- 미생물 없이 발생되는 식품의 변화

59 법정감염병
- 1급 : 페스트, 야토병
- 2급 : 결핵
- 3급 : 말라리아

60 개량제의 종류★★
- 표백제 : 밀가루를 하얗게 만드는 첨가물
- 산화제 : 밀가루를 숙성시키는 첨가물

제빵기능사 필기 빈출 문제 ④ 정답 및 해설

정답

문제 본문 118p

1	①	2	③	3	①	4	①	5	②	6	②	7	①	8	①	9	④	10	②
11	②	12	①	13	④	14	④	15	①	16	②	17	④	18	②	19	②	20	③
21	④	22	②	23	②	24	③	25	②	26	①	27	④	28	②	29	①	30	③
31	①	32	④	33	①	34	①	35	④	36	②	37	③	38	③	39	②	40	②
41	③	42	③	43	②	44	①	45	④	46	③	47	②	48	①	49	③	50	②
51	①	52	②	53	④	54	④	55	②	56	①	57	①	58	③	59	④	60	③

해설

1 냉동반죽법의 재료 준비

- −40℃에서 급속 냉동 후 −25~−18℃에 저장
- 노화방지제를 소량 사용
- 반죽은 조금 되게 함
- 크로와상 등의 제품에 이용

2 표준 식빵의 스트레이트법 배합표

밀가루 100%, 소금 2%, 설탕 2%, 유지 4%, 생이스트 2~3%

3 각 반죽법의 단점 ★★

냉동반죽법	이스트가 죽어 가스 발생력 떨어짐, 반죽이 끈적거리고 퍼지기 쉬움
호프종법	종자를 만들기가 번거로움, 일정한 품질의 종을 얻기 힘듦, 제조 시간이 오래 걸림
연속식 제빵법	일시적 기계 구입 비용의 부담이 큼, 산화제를 첨가하기 때문에 발효향 감소
액체 발효법	환원제와 연화제 필요, 산화제 사용량 늚

4 노동분배율 계산 공식

- 노동분배율

$$= \frac{\text{인건비}}{\text{생산가치(부가가치)}} \times 100$$

$$\rightarrow \frac{15,000,000}{30,000,000} \times 100 = 50\%$$

5 연속식 제빵법 ★★

액체발효기에서 액종을 짧게 발효시키므로 발효 손실이 감소하고 발효향도 감소

6 2차 발효의 상대습도를 가장 낮게 하는 제품

데니시 페이스트리는 껍질이 바삭바삭해야 하므로 상대습도를 낮게 설정함

7 빵의 부피가 너무 작은 경우 ★★

1차 발효시간을 증가시켜야 하며 분할 무게를 늘림

→ 팬에 기름칠에 과하면 부피가 작아짐

8 반죽 단계

픽업 단계	밀가루와 원재료에 물을 첨가하여 균일하게 혼합되는 단계
클린업 단계	글루텐이 형성되기 시작하는 단계
발전 단계	반죽의 탄력성이 최대로 증가하며 반죽이 강하고 단단해지는 단계
최종 단계	글루텐이 결합되는 마지막 단계로 탄력성과 신장성이 가장 좋은 단계
렛 다운 단계	반죽이 탄력성을 잃으며 신장성이 커져 고무줄처럼 늘어지며 점성이 많아지는 단계

9 과발효(지친 반죽)된 반죽으로 만든 제품의 결함 ★★

- 조직과 기공이 거침
- 식감이 건조하고 발효향이 강함
- 내부에 구멍이나 터널 현상이 나타남
- 모서리가 둥글고 옆면이 움푹 들어감

10 반죽의 흡수율 계산 공식

- 반죽 온도가 5℃ 상승하면 흡수율은 3% 씩 떨어짐
- 30℃일 때 흡수율
  → 61%−3% = 58%

11 성형(make-up)

- 분할부터 팬닝까지의 단계
- 분할 → 둥글리기 → 중간발효 → 정형 → 팬닝

12 개당 노무비 계산 공식

- 개당 노무비
  = (노무비×시간×인원)/제품수
  → (1,000×10×3)/650≒46.15원

13 냉동반죽법의 동결방식

냉동반죽법에서는 급속 동결을 해야 해동 시 반죽 속에 수분이 많이 남지 않음

14 노화 지연 ★★

- 수분 함량이 38% 이상이 되면 노화 지연
- 단백질의 양과 질이 많고 높을수록 노화 지연
- 펜토산의 함량이 많을수록 노화 지연
- 전분 중 아밀로오스보다 아밀로펙틴이 많을수록 노화 지연

15 반죽의 되기가 가장 된 것

피자도우는 일반적으로 물을 밀가루 중량의 50% 정도를 사용하여 가장 된 반죽으로 만듦

16 팬닝

- 반죽의 이음매가 틀의 바닥으로 놓이게 함
- 틀이나 철판의 온도는 32℃가 적합
- 반죽은 적정 분할량을 넣음
- 비용적의 단위 : cm^3/g

17 빵의 노화를 지연시키는 방법

저장 온도를 −18℃ 이하 또는 21~35℃로 유지
→ 빵이 가장 빨리 노화되는 온도 : 냉장 온도 (0~10℃)

18 액체 발효법의 장점

- 균일한 제품생산 가능
- 발효 손실에 따른 생산 손실 감소
- 공간과 설비 감소
- 한 번에 많은 양의 발효 가능

19 스펀지 반죽법의 물 온도 계산 공식

- 스펀지 반죽법의 물 온도
  = (희망 반죽 온도×4)−(실내온도+밀가루 온도+마찰계수+스펀지 반죽 온도)
  → (26×4)−(26+21+20+28) = 104−95 = 9℃

20 빵 반죽의 발효

이스트가 반죽 속의 당을 분해하여 알코올과 이산화탄소(탄산가스)를 만들어 내는 알코올 발효

21 데크 오븐

- 일반오븐이라고도 하며 주로 소규모 베이커리에서 가장 많이 사용하는 오븐
- 반죽을 넣는 입구와 출구가 같아 넣고 꺼내기 편리
- 굽는 과정을 육안으로 확인할 수 있음
- 오븐 내부에 온도 차이가 있음

22 상대적 감미도

과당(175) > 전화당(130) > 설탕(100) > 포도당(75) > 맥아당(32) = 갈락토오스(32) > 유당(10)

23 오레가노

꽃박하라고도 하며 박하 향기와 비슷한 향을 내는 향신료로 피자 소스에 필수적으로 사용

24 글루텐

밀가루 반죽 단백질의 주성분으로, 밀가루 단백질인 글루테닌과 글리아딘에 물을 넣고 반죽하면 점탄성을 가진 글루텐이 형성됨

25 흰자에 포함된 물질★★

콘알부민	철과의 결합능력이 강해 미생물이 이용하지 못하는 항 세균 물질(약 13%)
오브알부민	필수아미노산 함유(약 54%)
오보뮤코이드	효소인 트립신의 활동 저해제(약 11%)
아비딘	비타민 비오틴(biotin)과 먼저 결합하여 비오틴의 흡수 방해(약 0.05%)

26 유당

우유 성분 중 제품의 껍질색 개선에 영향을 주는 것

27 가스 발생력에 영향을 주는 요소★★

이스트의 양이 많아지면 가스 발생력은 증가하기 때문에 비례관계이고 발효시간은 짧아지므로 반비례 관계

28 최대 부피를 얻을 수 있는 쇼트닝 사용량★★

쇼트닝을 3~4% 첨가하였을 때 가스 보유력이 좋아 빵 제품의 최대 부피를 얻을 수 있음

29 불포화지방산

이중결합이 있는 지방산으로 단일불포화지방산(올레산), 다가불포화지방산(리놀레산, 리놀렌산), 고도불포화지방산(EPA, DHA)으로 나뉨

30 제빵에 가장 적합한 물

약산성(pH 5.2~5.6)의 아경수(120~180ppm)

31 밀가루 측정 기계

아밀로그래프	효소(α-amylase)의 활성도를 측정하여 밀가루의 호화 온도, 호화 정도, 점도의 변화 파악 가능
믹서트론	믹서 모터에 전력계를 연결하여 반죽의 상태를 전력으로 환산하여 곡선으로 표시
익스텐소그래프	반죽의 신장성과 신장에 대한 저항성 측정
믹소그래프	반죽의 형성과 글루텐 발달 정도를 기록하여 밀가루 단백질의 함량과 흡수와의 관계, 믹싱 시간, 내구성 파악

32 알코올★★

자일리톨, 솔비톨, 갈락티톨 등

→ 글리세롤 : 유지를 가수분해하여 얻어지는 지방산으로 무색, 무취이고 단맛이 나며 끈기가 있는 윤활제

33 섬유소

포도당으로 이루어진 구형성 탄수화물

34 지방

3분자의 지방산과 1분자의 글리세롤(글리세린)이 에스테르결합으로 이루어져 있음

35 아미노산

단백질을 구성하는 기본 단위로 수소, 탄소, 산소, 질소, 인, 황으로 구성되어 있음

36 효소

프로테아제	단백질을 분해시켜 펩티드와 아미노산 생성
리파아제	지방을 지방산과 글리세린으로 분해
인버타아제	자당을 포도당과 과당으로 분해
말타아제	맥아당을 2분자의 포도당으로 분해

37 찌마아제

이스트에 존재하며 포도당과 과당을 분해하여 알코올과 이산화탄소를 발생시킴

38 이스트 푸드
반죽 개량제로 반죽의 pH 조절제, 이스트 조절제, 물 조절제, 반죽 조절제 등으로 사용됨

39 단순단백질
알부민, 글로불린, 글루텔린, 프롤라민, 알부미노이드, 히스톤 등

40 포화지방산
동물성 지방인 버터, 우유, 유제품 등에 많이 함유되어 있음

41 유당
탄수화물 중 동물성 급원, 우유 및 유즙류에 많이 함유

42 단백질 함유량 계산 공식

- 식품의 질소함유량을 알면 그 식품의 단백질 함유량을 알 수 있음
- 단백질의 양
  = 질소의 양×질소계수(100/16)
  → 4g×6.25 = 25g

43 비타민 K
혈액 응고에 관여

44 총 원가
제조 원가+판매비+일반 관리비

45 비타민 D
햇빛(자외선)에 의해 체내에 합성

46 유당불내증 치료법
유당을 섭취하지 않거나 유당분해효소가 함유된 요구르트 같은 식품을 섭취하는 것

47 믹서의 부대 기구
훅, 휘퍼, 비터
→ 스크래퍼 : 반죽을 분할하거나 한곳으로 모으거나 떼어낼 때 사용

48 단백질 효율(PER)
단백질 1g 섭취에 대한 체중의 증가량을 나타낸 것으로 단백질의 질을 측정

49 지방의 기능
- 에너지의 급원식품
- 체온유지에 관여
- 음식에 맛과 향미를 줌
  → 단백질의 기능 : 항체를 생성하고 효소를 만드는 것

50 프로비타민 D ★★
에르고스테론은 비타민 D_2의 전구물질로 햇빛에 노출시키면 자외선의 작용으로 비타민 D_2가 됨

51 식품의약품안전처장 ★★
식품첨가물의 규격과 사용기준을 정함

52 알레르기성 식중독 ★★
어육에 다량 함유된 히스티딘에 모르니균이 침투하여 생성된 히스타민이 원인 물질이며 항히스타민제 투여로 예방할 수 있음

53 아플라톡신
곰팡이독으로 쌀, 보리, 옥수수 등에서 간장독을 생성하여 간암을 일으킴

54 보툴리누스균
열에 강한 포자를 형성하는 포자형성균이며 산소를 기피하는 편성혐기성으로 통조림, 병조림, 소시지 등의 진공포장식품에서 식중독을 일으킴

55 식품의 변질에 영향을 미치는 요인
영양소, 수분, 온도, 산소, 최적의 pH 등

56 곰팡이 특성 ★★
- 진핵세포를 가진 다세포 미생물
- 분류상 진균류에 속함
- 주로 무성포자에 의해 번식
- 엽록소가 없어 광합성을 하지 못함

57 생석회 ★★
산화칼슘으로 물에 넣으면 발열하면서 수산화칼슘으로 변하며 분변소독에 가장 적합한 소독약

58 인수공통감염병

- 인간과 척추동물이 같은 병원체에 의해 발생되는 감염병
- 결핵, 탄저병, 브루셀라증, 야토병, 돈단독, Q열, 리스테리아증 등

59 감염형 식중독

- 살모넬라 식중독
- 병원성 대장균 식중독
- 장염 비브리오 식중독

→ 독소형 식중독 : 포도상구균 식중독

60 채소를 통해 감염되는 기생충

회충, 요충, 구충, 편충, 동양모양선충 등

제빵기능사 필기 빈출 문제 5 정답 및 해설

정답

문제 본문 129p

1	④	2	②	3	②	4	①	5	②	6	③	7	④	8	③	9	②	10	④
11	②	12	②	13	②	14	②	15	①	16	①	17	①	18	③	19	③	20	④
21	③	22	③	23	④	24	②	25	①	26	③	27	①	28	②	29	①	30	①
31	③	32	①	33	④	34	①	35	②	36	③	37	③	38	②	39	①	40	②
41	③	42	②	43	①	44	②	45	③	46	③	47	③	48	②	49	①	50	①
51	②	52	④	53	④	54	①	55	①	56	③	57	①	58	③	59	①	60	①

해설

1 성형
중간발효가 끝난 생지를 밀대로 밀어 가스를 고르게 뺀 후 만들고자 하는 제품의 형태로 만드는 단계로 밀기, 말기, 봉하기의 3단계 공정으로 이루어진다.

2 단과자빵의 일반적인 이스트 사용량 ★★
3~7%

3 2차 발효시간이 부족한 경우
- 부피가 작아짐
- 껍질색이 진한 적갈색이 됨
- 옆면이 터짐

4 설탕의 기능
- 반죽시간 지연(설탕은 반죽의 구조를 악화시키므로 반죽 시간이 길어짐)
- 이스트의 영양 공급
- 껍질색 개선
- 수분 보유제

5 빵과 수분 함량
- 빵을 구워낸 직후 수분 함량 : 45%
- 포장 직전의 수분 함량 : 38%
  → 포장 온도 : 35~40℃

6 베이커스(Baker's) 퍼센트
밀가루의 양을 100%로 보고 그 외의 재료가 차지하는 비율을 %로 나타낸 것

7 흡수율과 믹싱시간에 영향을 주는 요인
밀가루 종류, 설탕 사용량, 분유 사용량

8 노타임법
L-시스테인, 프로테아제 등을 사용하여 밀단백질의 S-S결합을 절단하여 반죽 발전을 단축시켜 믹싱시간을 줄이고 산화제를 이용하여 발효시간을 단축하는 제빵법

9 식빵의 옆면이 찌그러지는 원인 ★★
- 지친 반죽이 된 경우
- 지나친 2차 발효
- 고르지 못한 오븐열
- 팬 용적에 비해 많은 반죽양

10 완제품의 껍질색이 연한 원인 ★★
- 1차 발효시간의 과다
- 낮은 오븐 온도
- 굽기 시간 부족
- 덧가루 사용 과다
- 연수 사용
- 설탕 사용량 부족

11 가소성
- 외력에 의하여 형태가 변한 고체가 다시 원래대로 돌아가지 않는 성질
- 데니시 페이스트리에 사용하는 유지는 접기 및 밀어펴기에 알맞은 가소성을 가지고 있어야 함

12 생산의 원가를 계산하는 목적
- 이익을 창출하기 위해서
- 가격을 결정하기 위해서
- 원가관리를 위해서

13 반죽의 손상을 줄이는 방법★★
- 스트레이트법보다 스펀지법 반죽이 내성이 강함
- 반죽의 결과 온도는 비교적 낮은 것이 좋음
- 밀가루의 단백질 함량이 높고 양질의 것을 사용
- 흡수량이 최적이거나 약간 된 반죽이 좋음

14 반죽 온도에 영향을 주는 변수★★
실내온도, 밀가루와 물의 온도, 마찰열 등

15 반죽의 성질★★

흐름성	반죽이 팬 또는 용기의 모양이 되도록 흘러 모서리까지 차게 하는 성질
가소성	반죽이 성형과정에서 형성되는 모양을 유지시키려는 성질
탄성(탄력성)	성형 단계에서 본래의 모습으로 되돌아가려는 성질
점탄성	점성과 탄력성을 동시에 가지고 있는 성질

16 정형기 사용 시 유의 사항
- 덧가루를 너무 많이 사용하지 않음
- 롤러 간격이 너무 넓으면 가스빼기가 불충분함
- 롤러 간격이 너무 좁으면 거친 빵이 됨
- 정형기 압착판의 압력이 강하면 반죽의 모양이 아령 모양이 됨

17 빵 제품의 노화
조직이 딱딱해지고 전분이 퇴화되어 맛과 향이 떨어지고 소화율도 저하됨

18 액종의 발효 완료점
pH 4.2~5.0으로 산도를 측정하여 확인

19 냉동반죽에서의 이스트 사용량 계산 공식
- 냉동반죽은 보통 반죽보다 이스트의 양을 2배 사용함
  → 2.5%×2 = 5%

20 분할기에 의한 기계적 분할
반죽의 부피를 기준으로 분할하기 때문에 시간이 지체되면 발효가 진행되어 처음 분할한 것보다 나중에 분할한 것의 무게가 더 가볍게 됨

21 이형유
- 발연점이 높은 것을 사용해야 함
- 고온이나 산패에 안정해야 함
- 사용량은 반죽 무게의 0.1~0.2%
- 사용량이 많으면 튀김현상이 나타남

22 밀기울 혼입율의 확정 기준 : 회분 함량★★
밀기울은 밀에서 가루를 빼고 남은 찌꺼기를 말하며 보통 껍질을 말하는데 밀기울에는 회분의 함량이 많으므로 밀기울의 혼입률은 회분의 함량으로 측정

23 이스트 푸드에서 칼슘염
물 조절제로 연수를 제빵 적성에 알맞은 경수로 고정시켜 주는 역할

24 강력분
박력분보다 글루텐의 함량이 많기 때문에 점탄성 및 수분 흡착력이 강함

25 글루텐의 주성분
단백질

26 전분의 노화
호화된 전분을 실온에 방치하면 전분이 노화되어 맛과 향, 질감 등이 떨어짐

27 빵류 · 과자류제품에서 분유의 역할★★
- 글루텐을 강화시킴
- 탈지분유의 유당은 껍질색을 개선
- 칼슘과 라이신 등의 영양을 강화시킴
- 맛과 향, 색을 좋게 함

28 트리글리세리드

- 유지는 지방산 3분자와 글리세린이 결합한 트리글리세리드
- 유지의 가소성은 트리글리세리드의 종류와 양에 의해 결정됨

29 신선한 우유의 pH

신선한 우유의 pH는 6.6 정도의 중성이며 pH가 내려가면 우유 단백질 중 카제인이 칼슘과 화합물의 형태로 응고됨

30 연수

연수로 반죽을 배합하면 발효시간이 단축되고 연하고 끈적거리는 반죽이 됨

31 소금의 역할

- 감미의 조절과 향미 제공
- 껍질색 조절
- 발효의 지연과 유해균 번식 억제
- 글루텐 강화
- 빵의 내상을 누렇게 함

32 식물성 안정제★★

한천, 로커스트빈검, 펙틴

→ 젤라틴 : 동물의 껍질, 연골에서 추출한 콜라겐으로 만듦

33 패리노그래프

흡수율 측정, 믹싱시간 측정, 믹싱 내구성 측정

→ 아밀로그래프 : 반죽의 호화 특성을 측정하는 기기

34 빵류·과자류 제품에서 유지의 기능

쇼트닝성	연화 기능	밀가루의 글루텐 형성 방해, 빵에는 부드러움을 주고, 과자류에는 바삭거리는 식감을 줌
	윤활 기능	믹싱 중 얇은 막 형성, 전분과 단백질이 단단해지는 것을 방지, 구워진 제품이 점착되는 것 방지
	팽창 기능	믹싱 중 공기 포집, 굽기 과정을 통해 팽창하면서 적정한 부피와 조직을 만듦
	유화 기능	유지가 수분을 흡수하여 보유하는 능력, 유지와 액체재료를 분리되지 않고 잘 섞이도록 함
크림성		믹싱 중 공기를 포집하여 크림이 되는 것, 반죽이 부드러움, 부피 커짐, 크림성이 중요한 제품은 파운드 케이크와 레이어 케이크 등
안정성		지방의 산화와 산패를 억제하는 성질, 유지가 많이 들어가는 건과자와 튀김 제품 등
가소성		상온에서 고체형태를 유지하는 성질, 빵 반죽의 신장성을 좋게 함, 질 밀어펴지게 해줌, 가소성을 이용한 제품은 파이류, 페이스트리류 등

35 튀김기름을 반복해서 사용할 경우

중합도, 산가, 과산화물가, 점도 등이 증가

36 함황아미노산★★

달걀흰자에는 황을 함유하고 있는 함황아미노산이 들어있어 은제품에 담았을 때 검은색으로 변함

37 활성 건조이스트 최적 온도

40~45℃의 물에 수화시켜 사용

38 찜을 이용한 제품에 사용되는 팽창제

속효성(빠른 효과)의 특성을 가져야 함

39 빵류제품에 분유를 사용하여야 하는 경우★★

리신(라이신)과 칼슘이 부족할 때

40 빵 반죽의 흡수★★

- 반죽 온도가 높아지면 흡수율이 감소
- 연수는 경수보다 흡수율이 감소하며 반죽이 질어짐
- 설탕 사용량이 많아지면 흡수율이 감소
- 손상전분이 적량 이상이면 흡수율이 증가

41 단백질의 상호 보조★★

부족한 제한아미노산을 서로 보완할 수 있는 2가지 이상의 식품을 함께 섭취하여 영양을 보완하는 것을 말하며 쌀과 콩, 빵과 우유, 시리얼과 우유 등이 있음

42 식물계에는 존재하지 않는 당

유당은 포유류의 젖에 존재하는 동물성 당류

43 수용성 비타민
- 결핍증이 빠르게 나타남
- 소변을 통하여 방출됨
- 필요 이상으로 많이 섭취하면 배설됨
- 열과 알칼리에 의해 쉽게 파괴됨

44 요오드(I)
갑상선 호르몬의 주요 성분으로 해조류에 많이 함유되어 있음

45 개당 노무비 계산 공식

> - 개당 노무비
> = (시간당 노무비×시간×인원)/제품수
> → (4,000×8시간×5인)/(500개+550개)
> ≒ 152.4 = 152원

46 열량 계산 공식

> - 지방은 1g당 9kcal의 에너지를 냄
> → 6g×9kcal = 54kcal

47 비타민의 결핍증
비타민 B_1 : 각기병
비타민 C : 괴혈병
비타민 B_2 : 구순구각염, 설염
비타민 A : 야맹증
나이아신 : 펠라그라

48 인체의 수분 소요량에 영향을 주는 요인★★
기온, 아밀롭신, 염분의 섭취량
→ 아밀롭신 : 췌장에서 분비되는 아밀라아제
→ 신장 : 대사산물과 노폐물을 걸러 소변으로 만들어 배출하는 장기로서 인체의 수분 소요량에 영향을 주지 않음

49 소장★★
- 위와 대장 사이에 있는 6~7m의 소화관
- 영양분을 소화, 흡수하는 중요한 장기 중 하나
- 아밀라아제와 말타아제 등의 탄수화물 분해효소와 리파아제 같은 지방 분해효소, 아미노펩티다아제 같은 단백질 분해효소 등을 분비하여 소화를 도움

50 철분(Fe)
헤모글로빈을 구성하는 체내 기능 물질로서 성장기 어린이나 빈혈환자, 임산부 등 생리적 요구가 높을 때 흡수율이 높아지는 영양소

51 간흡충
제1중간숙주 : 왜우렁이
제2중간숙주 : 담수어

52 숙주 감수성★★
병에 걸리기 쉽다는 뜻으로 건강유지와 저항력의 향상에 노력해야 함

53 오염된 우유를 먹었을 때 발생하는 인수공통감염병★★
파상열, 결핵, Q열
→ 야토병 : 병에 걸린 토끼고기, 모피에 의해 경구 또는 경피 감염됨

54 장티푸스
급성 전신성 열성질환으로 두통, 40℃ 전후의 고열, 오한 등의 증상을 가짐

55 지방의 산패를 촉진하는 인자
온도, 수분, 금속이온, 산소, 빛 등

56 식품과 부패에 관여하는 주요 미생물★★
- 어패류, 육류 : 세균
- 곡류 : 곰팡이
- 통조림 : 포자형성세균

57 식품보존료의 조건
- 각종 미생물의 증식을 억제할 것
- 독성이 없거나 매우 적어 인체에 해가 없을 것
- 무미, 무취하고 자극성이 없을 것
- 공기, 광선, 열에 안정할 것
- 사용이 간편하고 저렴할 것
- 미량으로 효과가 크고 장기간 효력을 나타낼 것

58 산미료★★
주석산, 사과산, 구연산
→ 아미노산류 : 식품에 손상된 영양분의 보충이나 함유되지 않은 영양분을 첨가하는 데 사용되는 영양강화제

59 식품접객업

휴게음식점, 일반음식점, 단란주점, 유흥주점, 위탁급식점, 제과점

→ 식품소분업 : 영업의 종류에서 식품 소분·판매업으로 분류됨

60 인수공통감염병

결핵, 탄저병, 브루셀라증, 야토병, 돈단독, Q열, 리스테리아증 등

제빵기능사 필기 빈출 문제 ⑥ 정답 및 해설

정답

문제 본문 139p

1	②	2	④	3	①	4	②	5	④	6	③	7	①	8	②	9	①	10	④
11	④	12	③	13	②	14	②	15	②	16	③	17	②	18	①	19	②	20	④
21	②	22	①	23	④	24	③	25	④	26	④	27	④	28	①	29	④	30	④
31	③	32	③	33	①	34	④	35	②	36	②	37	④	38	③	39	④	40	②
41	④	42	①	43	②	44	①	45	③	46	②	47	①	48	②	49	①	50	④
51	④	52	①	53	④	54	②	55	①	56	②	57	④	58	③	59	②	60	③

해설

1 성형한 이음매의 위치

반죽을 팬에 넣을 때 이음매를 아래로 놓아야 빵 반죽이 부풀면서 이음매가 벌어지지 않음

2 노타임법

냉동빵 반죽은 비상스트레이트법이나 노타임법을 사용하지만 환원제로 시스테인을 사용하는 반죽 방법은 노타임법임

3 빵 굽기의 반응

- 오븐열에 의해서 이산화탄소의 방출과 수분 증발이 일어남
- 빵의 풍미 및 색깔을 좋게 함
- 제빵 제조 공정의 최종 단계로 빵의 형태를 만듦
- 전분의 호화로 식품의 가치 향상

4 불란서빵의 믹싱 완료 단계

불란서빵은 하스 브레드에 속하며 반죽은 탄력성이 가장 강한 발전 단계에서 믹싱을 완료함

5 불란서빵에서 스팀을 사용하는 이유★★

- 거칠고 불규칙하게 터지는 것을 방지
- 겉껍질에 광택을 냄
- 얇고 바삭거리는 껍질이 형성되도록 함
  → 반죽의 흐름성 : 믹싱 정도, 반죽의 수분 함량, 발효실이 온도와 습도의 영향을 받음

6 스펀지법과 비교한 스트레이트법의 장점

스펀지법은 반죽을 2번하고 스트레이트법은 반죽을 1번하므로 스펀지법에 비해 노동력과 시설이 감소됨

7 반죽 온도 조절 시 계산 공식

① 마찰계수 = (결과 반죽 온도×3)−(실내 온도+수돗물 온도+밀가루 온도)
② 계산된 물 온도 = (희망 반죽 온도×3)−(실내온도+밀가루 온도+마찰계수)
③ 사용할 물량×(수돗물 온도−계산된 물 온도)
④ 얼음 사용량 = $\frac{\text{사용할 물량}\times(\text{수돗물 온도}-\text{계산된 물 온도})}{(80+\text{수돗물 온도})}$

8 하스 브레드의 종류

불란서빵, 비엔나빵, 아이리시빵, 이탈리아빵, 독일빵 등

9 굽기 손실에 영향을 주는 요인

- 굽는 시간
- 굽는 온도
- 배합률
- 제품의 크기와 모양

10 중간발효의 개요 및 목적

- 분할과 둥글리기 공정에서 손상된 글루텐 구조 재정돈
- 가스 발생으로 반죽의 유연성 회복
- 반죽의 신장성을 증가시켜 성형과정에서 밀어 펴기를 쉽게 해주고 찢어짐을 방지
- 벤치 타임(bench time) 또는 오버 헤드 프루프(over head proof)라고도 함

11 빵 반죽(믹싱) 시 반죽 온도가 높아지는 주 이유

믹싱기로 반죽하는 동안 반죽이 믹서볼 안쪽을 때리면서 마찰열이 발생하기 때문

12 오븐 라이즈

반죽의 내부 온도가 아직 60℃에 이르지 않은 상태에서 이스트가 사멸 전까지 활동하여 가스를 생성시켜 반죽의 부피가 조금씩 커지는 것

13 반죽 무게에 대한 충전용 유지의 사용 범위 ★★

미국식 페이스트리의 유지 범위는 생지 무게에 20~40%이고 덴마크식은 40~50%임

14 스펀지 도우법에서 도우 반죽(본 반죽)의 적당한 온도

27℃

15 설탕을 과다 사용할 때 나타나는 현상

삼투압이 높아져 이스트의 활성을 억제하므로 발효가 느려지고 팬의 흐름성이 많아짐

16 필요한 밀가루의 양 계산 공식

- 분할 총 반죽 무게
  → 90(g)×520개 = 46,800g
- 밀가루의 무게(g)

$$\rightarrow \frac{\text{밀가루 비율(\%)}\times\text{총 반죽 무게(g)}}{\text{총 배합률(\%)}}$$

$$= \frac{100\%\times 46{,}800g}{180\%} = 26{,}000g = 26kg$$

17 발효의 목적

반죽의 팽창작용, 반죽의 숙성작용, 풍미의 향상

18 부속물 넣는 단계 ★★

건포도, 옥수수, 야채는 최종 단계 전에 넣으면 글루텐 형성을 방해하기 때문에 최종 단계 이후에 넣는 것이 좋음

19 2차 발효실의 습도를 가장 높게 설정해야 하는 것

햄버거빵, 잉글리시 머핀, 일반 식빵 등은 반죽의 흐름성을 요구하기 때문에 습도를 높게 설정함

20 빵의 굽기

고율배합은 저온에서 긴 시간(오버 베이킹)으로 굽고, 저율배합은 높은 온도에서 짧은 시간(언더 베이킹) 구움

21 탄소의 수가 다섯 개인 단당류 ★★

오탄당이라 하며 리보오스, 아라비노즈, 크실로오스 등

22 콜레스테롤 ★★

- 콜레스테롤 및 지방의 소화흡수율은 95%
- 유도지질
- 고리형 구조를 이루고 있음
- 간과 장벽, 부신 등 체내에서도 합성

23 전분을 분해하는 효소 ★★

α-아밀라아제, β-아밀라아제, 디아스타아제 등

24 포도당 당량

- 전분의 가수분해정도를 나타내는 지표
- 물엿의 포도당 당량(DE) 기준 : 20.0 이상

25 반죽 개량제 ★★

- 빵의 품질과 기계성을 증가시킬 목적으로 첨가
- 산화제, 환원제, 반죽강화제, 노화지연제, 효소 등
- 산화제 : 반죽의 구조를 강화시켜 제품의 부피를 증가시킴
- 환원제 : 반죽의 구조를 연화시켜 반죽 시간을 단축시킴

26 파이롤러
반죽을 접기 및 밀어펴기할 때 사용하는 기계로 스위트롤, 데니시 페이스트리, 퍼프 페이스트리, 파이류, 크로와상, 도넛류 등에 사용

27 직접 원가
직접 재료비, 직접 노무비, 직접 경비
→ 판매비 : 간접비에 속하기 때문에 직접판매비라 부르지 않으며 판매에 필요한 경비

28 일반적인 버터의 수분 함량
18% 이하

29 필수지방산 결핍
피부염, 성장지연, 생식장애, 시각기능장애 등

30 맥아당
전분은 맥아에 함유되어 있는 효소에 의해 맥아당으로 가수분해됨

31 탈지분유의 단백질 함량 계산 공식

- 탈지분유의 단백질 함량
  = 탈지분유 중량×단백질 비율
  → 20g × 35% = 7g
- 탈지분유의 단백질 함량 비율
  $= \frac{\text{탈지분유의 단백질 함량}}{\text{탈지분유액}} \times 100$
  $\rightarrow \frac{7}{20+80} \times 100 = 7\%$

32 제빵용 이스트에 의해 발효하는 당★★
과당, 포도당, 맥아당
→ 유당 : 이스트에는 유당을 분해하는 효소가 없음

33 일시적 경수★★
- 탄산수소칼슘과 탄산수소마그네슘에 의하여 일시적으로 경수가 되는 물
- 가열하면 불용성 탄산염으로 침전하여 부드러운 물이 된다.

34 이스트 푸드의 충전제 : 전분★★
이스트 푸드에 전분 또는 밀가루를 충전제로 사용하게 되면 계량을 용이하게 하고 분산제 역할을 하며, 흡습에 대한 완충제 역할을 함

35 소금의 역할
- 감미의 조절
- 향미의 제공
- 껍질색 형성
- 유해균 억제를 통한 방부효과
- 발효의 지연
- 글루텐 강화

36 트랜스 지방의 섭취 1% 이하로 권고
트랜스 지방을 과다 섭취하게 되면 심장병이나 혈관질환의 주요 원인이 되기 때문에 세계보건기구에서는 하루 1% 이하의 섭취를 권고하고 있음

37 여유율★★
작업 중 불규칙적으로 발생하는 일, 즉 토의(討議), 불량품 혼입으로 인한 작업 지연 등의 시간의 노동 시간에 대한 비율로 기계를 사용하게 되면 여유율을 낮게 할 수 있음

38 식빵 제조용 밀가루
식빵을 제조할 때 쓰이는 밀가루는 강력분으로 초자질의 경질춘맥으로 만듦

39 프로테아제
단백질을 가수분해하는 효소

40 유당의 가수분해
포도당+갈락토오스

41 포화지방산
탄소 수가 많을수록 융점과 비점이 높아져 상온에서 딱딱한 유지가 됨

42 글루코오스
포도당이라고도 하며 포유동물의 혈액 속에 존재하여 혈당을 조절함

43 chitin(키틴) ★★
게나 새우와 같은 갑각류의 외피 등에 존재하는 단백질과 복합체를 이룬 복합다당류로 N-아세틸글루코사민이 글루코사이드 결합을 하고 있음

44 알라닌 ★★
탄수화물로 합성될 수 있는 아미노산에는 알라닌이 있으며 이는 필수아미노산이 아님

45 필수아미노산
밀가루에는 필수아미노산인 리신이 부족하기 때문에 리신을 첨가하여 영양을 강화시킬 수 있음

46 비타민 B_1
탄수화물 대사에서 조효소로 작용하기 때문에 쌀을 주식으로 하는 우리나라 사람에게 중요하며 결핍증은 각기병임

47 노동분배율
생산 가치에서 인건비의 비율

48 과당
과당은 과일과 꿀에 많이 들어있으며 전화당은 설탕을 가수분해하여 생긴 포도당과 과당의 혼합물임

49 무기질
열량을 공급하지 않음

50 비타민 P
수용성 비타민으로 모세혈관의 삼투성을 조절하여 혈관 강화작용을 하는 유효성분

51 결핵 ★★
사람, 소, 조류, 파충류에 감염되며 오염된 우유나 유제품을 통해 사람에게 감염됨

52 식품접객업
휴게음식점영업, 일반음식점영업, 단란주점영업, 유흥주점영업, 위탁급식영업, 제과점영업 등

53 위해요소중점관리기준(HACCP)
모든 잠재적 위해요소를 분석하여 사후적이 아닌 사전적으로 위해요소를 제거하고 개선할 수 있는 방법을 찾는 것

54 팽창제
- 빵류 또는 과자류를 부풀게 하여 조직을 연하게 하고 기호성을 높이기 위해 사용
- 탄산수소나트륨, 암모늄명반, 염화암모늄, 탄산암모늄, 효모 등

55 포도상구균 식중독
장독소인 엔테로톡신을 생산

56 대장균
그람음성간균으로 포자를 형성하지 않으며 호기성 또는 통성 혐기성이며 유당을 분해하여 산과 가스를 생산하기도 함

57 식중독에 미치는 영향이 가장 큰 것 : 세균의 생육 온도 ★★
식중독에 관여하는 대부분의 세균은 중온균(25~37℃)으로 여름철 가장 많이 발생

58 제3급 감염병
그 발생을 계속 감시할 필요가 있어 발생 또는 유행 시 24시간 이내에 신고하여야 하는 감염병

59 돈단독 ★★
돼지 등 가축의 장기나 고기를 다룰 때 피부의 창상으로 균이 침입하거나 경구 감염되는 인수공통감염병

60 합성감미료
식품에 단맛을 주기 위해 사용되는 화학적 합성품으로 칼로리가 거의 없으며 일반적으로 설탕보다 감미도가 높으며 종류로는 사카린나트륨과 아스파탐 등이 있음

제빵기능사 필기 빈출 문제 7 정답 및 해설

정답

문제 본문 150p

1	①	2	③	3	①	4	④	5	①	6	④	7	③	8	④	9	④	10	①
11	③	12	②	13	①	14	②	15	③	16	③	17	④	18	③	19	①	20	②
21	④	22	①	23	①	24	②	25	③	26	③	27	③	28	①	29	①	30	②
31	①	32	④	33	③	34	④	35	②	36	③	37	④	38	③	39	③	40	①
41	②	42	④	43	①	44	④	45	②	46	④	47	③	48	③	49	④	50	④
51	①	52	④	53	①	54	④	55	②	56	③	57	③	58	①	59	②	60	①

해설

1 분할량이 가장 적은 제품 ★★

밀가루는 호밀이나 옥수수보다 단백질의 양이 많아 글루텐을 잘 형성하기 때문에 가장 적은 분할량으로 더 큰 체적을 얻을 수 있으며 건포도 식빵은 건포도 때문에 반죽의 분할 무게가 많이 나가고 발효가 잘 안되므로 분할 양을 늘려야 함

2 밀가루 무게 계산 공식

- 총 분할 반죽 무게
  → 500g×4개 = 2,000g
  → 2,000÷(1−0.03) ≒ 2,061.85
- 밀가루 무게(g)
  $= \frac{\text{밀가루 비율(\%)} \times \text{총 반죽무게(g)}}{\text{총 배합률(\%)}}$
  $\rightarrow \frac{100 \times 2,062}{195.8}$ ≒ 약 1,053g

3 데크 오븐

일반 오븐이라고도 하며, 주로 소규모 제과점에서 가장 많이 사용하는 오븐으로 반죽을 넣는 입구와 출구가 같아 넣고 꺼내기가 편리하며 굽는 과정을 육안으로 확인할 수 있으나 입구쪽과 뒤쪽의 온도차가 있는 결점이 있음

4 이형제

빵을 제조하는 과정에서 반죽을 분할하거나 구울 때 팬 등에 달라붙지 않게 할 목적으로 사용하는 것으로서 종류에는 유동파라핀 오일이 있음

5 불란서빵을 2차 발효할 때 ★★

발효실의 온도는 30~33℃, 상대습도는 75%, 시간은 50~70분

6 렛다운 단계까지 믹싱하는 제품

잉글리시 머핀, 햄버거빵 등(퍼짐성이 좋아야 하므로)

7 2차 발효점

굽기 시 오븐 팽창을 고려하여 완제품 용적의 70~80%가 가장 적절함

8 냉동 페이스트리를 구운 후 옆면이 주저앉는 원인 ★★

해동 온도가 높은 경우

9 오븐 스프링

가스압과 수증기압의 증가, 알코올과 탄산가스의 증발로 인하여 일어나며 단백질이 변성되기 시작하면 빵이 팽창을 멈추기 시작함

10 오븐에서 구운 빵을 냉각할 때 발생하는 냉각 손실(수분 손실)
평균 2%

11 마스터 스펀지법 ★★
하나의 스펀지 반죽으로 2~4개의 도 반죽을 제조하여 노동력과 시간을 줄여줄 수 있음

12 스펀지법으로 만든 제품의 장점 ★★
- 내상막이 얇고 가스 보유력이 커 부피가 큼
- 제품의 속결, 조직, 촉감이 부드럽고 맛과 향이 좋음
- 발효 내구성이 강하고 노화가 지연되어 저장성이 좋음

13 액체 발효법의 완충제
분유, 탄산칼슘, 염화암모늄

14 소금
글루텐을 단단하게 하여 흡수량을 감소시키기 때문에 클린업 단계에 넣으면 믹싱 시간을 단축시킬 수 있음

15 흡수율 계산 공식

- 분유 1% 증가 시 흡수율은 0.75~1% 증가하므로 분유를 3% 첨가하면 흡수율도 약 3% 정도 늘어남
  → 59%+3% = 62%

16 일반적인 1차 발효실의 조건
온도 27℃, 상대습도 75~85%

17 성형 시 둥글리기의 목적
- 표피 형성
- 가스포집 도움
- 끈적거림 제거

→ 껍질색 : 캐러멜화나 마이야르 반응에 의해서 진하게 되는 것으로 둥글리기와는 상관없음

18 빵의 노화
- 수분 함량이 낮고 당류가 적을수록 빨라짐
- 보기 중 당류의 함량이 가장 낮은 제품은 식빵으로 노화가 가장 빠름

19 후염법 ★★
- 소금을 클린업 단계에 넣는 것
- 반죽 시간 단축

20 냉동제법으로 배합표를 작성하는 방법
물의 양이 과다하면 이스트가 파괴되므로 물의 양을 줄여야 함

21 소금함량이 정상보다 적을 경우
- 부피가 큼
- 냄새와 맛이 좋지 않음
- 모서리가 예리함

→ 반죽에 소금함량이 많을 경우 : 빵 껍질에 흰 반점이 생김

22 펙틴
당과 산이 존재할 때 젤을 형성하기 때문에 젤화제, 증점제, 안정제, 유화제 등으로 사용

23 패리노그래프
반죽하는 동안 믹서 내에서 일어나는 물리적 성질을 파동 곡선 기록기로 기록하여 밀가루의 흡수율, 글루텐의 질, 믹싱 시간, 반죽의 점탄성을 측정하는 기계

24 분유 단백질 ★★
분유에 포함된 단백질은 반죽의 믹싱 내구성을 높여주므로 분유양이 많아지면 믹싱 시간이 길어짐

25 이스트
팽창기능, 향 형성, 반죽 숙성의 기능

26 달걀
- 노른자에 가장 많은 성분은 지방으로 약 70%를 차지
- 흰자는 88%의 수분과 11.2%의 단백질로 이루어져 있음
- 달걀의 구성 비율은 30%의 노른자, 60%의 흰자, 10%의 껍질
- 껍질은 대부분 탄산칼슘으로 이루어져 있음

27 탈지분유 ★★
발효하는 동안 생기는 유기산과 유단백질이 작용하여 반죽의 pH를 조절하는 완충 역할을 함

28 중량이 가장 높은 것 ★★

우유의 비중은 물을 기준으로 1.03 정도로 다른 재료에 비해 크기 때문에 우유가 동일 부피에서 중량이 가장 높음

29 유지의 산패를 촉진시키는 요인

산소, 고온, 자외선, 금속류, 수분, 지방분해효소 등

30 감미도

과당(175) 〉 전화당(130) 〉 설탕(100) 〉 포도당(75) 〉 맥아당(32) = 갈락토오스(32) 〉 유당(10)

31 글루타치온 ★★

효모에 함유된 성분으로 오래된 효모에 많이 함유되어 있으며 환원제 작용을 하여 빵의 맛과 품질을 약화시킴

32 암모늄염 ★★

물이 있으면 단독으로 작용하여 이산화탄소와 암모니아 가스를 발생시키며 밀가루 단백질을 부드럽게 하는 효과를 가지고 있는 화학팽창제로 쿠키 등의 제품이 잘 퍼지도록 사용

33 소금의 사용량

- 밀가루 대비 2% 정도 사용
- 글루텐이 적은 밀가루를 사용할 때는 약간 증가하여 사용
- 보통 여름철에는 소금의 사용량을 늘리고, 겨울철에는 줄여서 사용
- 연수 사용 시 사용량을 증가

34 오븐의 생산 능력

오븐 내 매입할 수 있는 철판 수

35 효소

말타아제	맥아당을 2분자의 포도당으로 분해
리파아제	지방을 지방산과 글리세린으로 분해
프로테아제	지방을 지방산과 글리세린으로 분해
찌마아제	단당류를 알코올과 이산화탄소로 분해

36 시유 ★★

우유를 가열 살균하여 소비자가 위생상 안전하게 마실 수 있도록 작은 단위용량으로 포장한 것을 말하며 일반적인 시유의 함량은 수분 88%, 고형질 12%임

37 데포지터 ★★

과자 반죽을 자동으로 모양 짜기하여 쿠키를 만들 때 사용하는 자동 성형 기계

38 밀가루

약 75~80%의 아밀로펙틴과 나머지의 아밀로오스로 이루어져 있음

39 원가의 절감방법 ★★

- 구매 관리를 엄격히 함
- 제조 공정 설계를 최적으로 함
- 불량률을 최소화함
  → 창고의 재고가 많으면 보관비와 물류비가 증가되어 원가를 높임

40 반죽 측정 그래프

패리노그래프	반죽하는 동안 믹서 내에서 일어나는 물리적 성질을 파동 곡선 기록기로 기록하여 밀가루의 흡수율, 글루텐의 질, 믹싱 시간, 반죽의 점탄성을 측정하는 기계
익소텐소그래프	밀가루 반죽을 끊어질 때까지 늘려 반죽의 신장성에 대한 저항을 측정하는 기계
아밀로그래프	밀가루를 호화시키면서 온도 변화에 따른 밀가루 전분의 점도에 미치는 α-아밀라제의 효과를 측정하는 기계
믹소그래프	반죽하는 동안 글루텐의 발달 정도를 측정하는 기계
레오그래프	반죽이 기계적 발달을 할 때 일어나는 변화를 측정하는 기계

41 한국인의 권장 영양섭취기준

총 열량 중 탄수화물 55~70%, 단백질 7~20%, 지질 15~20%

42 프로테아제

단백질의 펩티드 결합을 가수분해하는 효소

43 제품 성형을 위한 온도와 습도

작업실의 온도는 25~28℃, 습도는 70~75%가 가장 적절

44 프티알린
타액 속에 들어있는 아밀라아제로 입 안의 전분을 덱스트린과 엿당 등으로 분해

45 심혈관계 질환의 위험인자 ★★
지방을 과잉 섭취하게 되면 고지혈증, 비만, 동맥경화, 심장병, 당뇨병 등이 발생할 수 있음
→ 골다공증과 빈혈 : 칼슘과 철분의 부족으로 발생

46 단백질
체조직과 혈액 단백질, 효소, 호르몬, 항체 등을 구성

47 효소
- 대부분 단백질로 구성
- pH 4.5~8 범위 내에서 반응하며 효소의 종류에 따라 최적 pH는 달라질 수 있음
- 30~40℃에서 가장 활성이 큼
- 효소농도와 기질농도가 효소작용에 영향을 줌

48 물의 양이 적량보다 적을 경우
- 수율이 낮음
- 향이 강함
- 노화가 빠름
- 부피가 작음

→ 빵류 제품에서 물의 양이 적으면 가스 보유력이 떨어져 빵의 부피가 작아짐

49 생산관리의 기능 ★★
품질보증기능, 적시·적량기능, 원가조절기능, 납기관리기능

50 완전 단백질
우유의 카제인, 달걀흰자의 알부민, 콩의 글리시닌
→ 제인 : 불완전 단백질

51 제1급 감염병
생물테러감염병 또는 치명률이 높거나 집단 발생의 우려가 커서 발생 또는 유행 즉시 신고하여야 하고, 음압격리와 같은 높은 수준의 격리가 필요한 감염병
→ 홍역 : 제2급 감염병

52 탄저병 ★★
탄저균은 내열성포자를 형성하기 때문에 병든 가축의 사체를 처리할 때는 반드시 소각해야 함

53 세균성 식중독의 특징
- 전염성이 거의 없음
- 면역성이 나타나지 않음
- 많은 양의 균으로 발병
- 잠복기가 짧음

54 감자의 독성분이 가장 많이 들어 있는 부분 ★★
감자의 싹튼 부분과 녹색 부위에는 솔라닌이 많이 들어있으며 썩은 감자에서는 셉신 발생

55 화학적 식중독을 일으키는 중금속
납, 수은, 카드뮴, 주석 , 비소 등

56 마이코톡신 ★★
진균류라고도 하며 곰팡이가 생산하는 2차 대사산물로 곡류, 견과류 등 탄수화물이 풍부한 식품에서 많이 발생하며 특히 여름철에 많이 발생

57 역성비누
- 양이온 계면활성제
- 무색, 무취, 무미하고 자극성이 없어 손, 피부 소독 및 식기·용기·기구 소독에 널리 사용
- 살균력이 강함

58 미나마타병
수은에 중독된 어패류를 먹거나 농약, 보존료 등으로 처리한 음식을 섭취했을 때 일어나며 갈증, 구토, 복통, 설사, 전신경련 등을 일으킴

59 노로바이러스 식중독 ★★
24~48시간의 잠복기를 가지며 설사, 복통, 구토 등의 급성 위장염을 일으키고, 식품이나 음료수에 쉽게 오염되고, 적은 수로도 사람에게 식중독을 나타내지만 대부분 1~2일이면 자연치유됨

60 이형제
유동파라핀이 있으며 반죽의 0.1% 이하로 사용함

제빵기능사 필기 빈출 문제 8 정답 및 해설

정답

문제 본문 161p

1	④	2	②	3	②	4	④	5	④	6	④	7	②	8	③	9	①	10	②
11	①	12	②	13	②	14	③	15	②	16	①	17	①	18	②	19	②	20	③
21	②	22	③	23	③	24	②	25	①	26	④	27	①	28	①	29	③	30	②
31	③	32	②	33	③	34	②	35	③	36	③	37	③	38	②	39	④	40	②
41	④	42	③	43	①	44	③	45	②	46	③	47	②	48	②	49	④	50	④
51	②	52	③	53	③	54	④	55	②	56	④	57	④	58	③	59	④	60	①

해설

1 손상된 전분과 흡수율의 변화
밀가루의 성분 중 손상 전분이 1% 증가하면 흡수율은 2% 증가함

2 가스 보유력이 좋은 반죽의 pH
pH 5.0 정도의 반죽에서 글루텐이 가장 질겨 가스 보유력이 좋음

3 발효 손실 요인 ★★
반죽 온도, 발효시간, 발효 온도와 습도, 설탕과 소금의 사용량

4 둥글리기 시 반죽의 끈적거림을 제거하는 방법 ★★
- 최적의 발효상태 유지
- 적당량의 덧가루 사용
- 반죽에 유화제 사용
- 유동파라핀 용액을 반죽 무게의 0.1~0.2% 정도 작업대 또는 라운더에 바름

5 빵의 노화 현상에 따른 변화
- 수분 손실
- 전분의 경화
- 향의 손실
  → 곰팡이 발생 : 빵의 부패

6 데니시 페이스트리 ★★
- 껍질이 바삭한 식감을 가져야 하므로 다른 제품에 비해 습도를 비교적 낮게 하며 2차 발효시간도 다른 제품에 비해 짧게 함
- 소량의 덧가루를 사용
- 발효실 온도는 유지의 융점보다 낮게 함
- 고배합 제품은 저온에서 구우면 유지가 흘러나옴

7 발효시간을 연장시켜야 하는 경우 ★★
보통 1차 발효실의 온도는 27℃, 상대습도는 75~85%가 가장 좋은 조건이며 발효실의 온도가 24℃인 경우 이스트의 활성이 늦어지므로 발효시간을 연장시켜야 함

8 스트레이법의 1차 발효 완료점 판단법
- 반죽의 부피가 3~3.5배 부품
- 반죽을 눌렀을 때 누른 부분이 살짝 오므라듦
- 반죽을 들어올리면 실모양의 직물구조 보임

9 식빵 제조에 사용하는 배합표
베이커스 %(Baker's %)를 사용하므로 밀가루의 양을 100%로 보고 각 재료가 차지하는 양을 %로 표시

10 스트레이트법에서 반죽 시간에 영향을 주는 요인

- 밀가루 종류
- 물의 양
- 쇼트닝 양

→ 이스트의 양 : 발효시간에 영향을 줌

11 사워(sour)★★

밀가루와 물을 혼합하여 대기 중의 효모균이나 유산균을 이용하여 장시간 배양하는 발효종을 말함

12 불란서빵

밀가루, 소금, 이스트, 물만으로 배합하여 만든 하스브레드

13 식빵 반죽의 점착성이 커지는 이유★★

- 반죽의 과발효
- 믹싱의 과다
- 믹싱의 부족

→ 반죽 흡수량의 부족 : 이스트의 양은 발효시간에 영향을 줌

14 소금

글루텐을 단단하게 하여 흡수율을 감소시키기 때문에 소금을 클린업 단계 직후에 넣으면 믹싱 시간을 단축시킬 수 있음

15 발효에 영향을 주는 요인

- 이스트의 양과 질
- 반죽 온도
- 반죽의 pH
- 삼투압, 탄수화물, 효소

16 식빵 굽기 시 빵의 내부

100℃를 넘지 않음

17 빵 반죽의 흡수율에 영향을 미치는 요소★★

- 아경수가 가장 흡수율이 좋음
- 반죽 온도가 5℃ 증가하면 흡수율은 3% 감소
- 유화제의 사용량이 많으면 수분 흡수율 증가
- 설탕 5% 증가 시 흡수율은 1% 감소

18 포장

빵류제품이 뜨거울 때 포장하면 수분 함량이 높아 썰 때 찌그러지기 쉽고 포장지에 수분이 과다하게 되어 곰팡이가 발생하기 쉬움

19 중간발효

최적 온도는 27~29℃, 습도는 75% 전후

20 브레이크 현상★★

스펀지에서 처음 반죽의 4~5배 정도로 부풀었다가 수축하기 시작하는 현상

21 아밀로펙틴★★

- 요오드 테스트를 하면 자줏빛 붉은색을 띰
- 노화되는 속도가 느림
- 곁사슬 구조
- 대부분의 천연전분은 아밀로펙틴 구성비가 높음

→ 일반적으로 아밀로오스 함량이 높을수록 노화되기 쉽고, 아밀로펙틴 함량이 많을수록 노화되기 어려움

22 흡수율 변화 계산 공식

단백질 1% 증가에 대하여 흡수율 1.5% 증가하므로 단백질이 2% 증가하면 흡수율은 3% 증가

23 제빵에 사용하는 밀가루

강력분이며 단백질의 함량은 11~13%

24 단위기호

- 1g = 1,000mg
- 1mg = 0.001g

25 말타아제

맥아당을 분해하는 효소로 이스트에 많이 들어 있음

26 달걀

- 노른자의 수분 함량은 약 50% 정도
- 전란(흰자와 노른자)의 수분 함량은 75% 정도
- 노른자에는 유화기능을 갖는 레시틴 함유
- 달걀은 0~5℃에서 냉장 보관하여야 품질을 보장할 수 있음

27 콩기름 ★★
필수지방산인 리놀레산과 리놀렌산이 많이 함유되어 있어 노인의 건강유지에 도움을 줌

28 밀가루의 등급 ★★
밀가루에 포함된 회분의 함량으로 정함

29 호화 ★★
전분에 물을 넣고 가열하면 전분 입자가 물을 흡수하여 크게 팽윤되고 전분 입자의 미셀구조가 파괴되어 반투명의 콜로이드 상태로 되는 현상

30 비누화 ★★
유지에 알칼리를 넣어 가열하면 글리세롤과 지방산염이 형성되는 반응

31 단위기호 변환 계산 공식

- ppm이란 g당 중량의 백만분율
  → 30 : 1,000,000 = x : 100
  → $x = \frac{30 \times 100}{1,000,000} = 0.003\%$

32 α-아밀라아제
전분을 가용성의 덱스트린으로 가수분해하는 효소

33 아미노산 ★★
아미노산의 등전점은 pH 4~6인 값으로 아미노산의 종류에 따라 다름
→ 등전점 : 물에 녹아 양이온과 음이온의 양전하를 가지며 용매의 pH에 따라 이동하는 것

34 단순단백질
알부민, 글로불린, 글루텔린, 프롤라민, 알부미노이드, 히스톤 등
→ 글리코프로테인 : 당단백질로 복합단백질에 속함

35 프로테아제
- 단백질과 펩티드결합을 가수분해하는 효소
- 펩신, 트립산, 펩티다아제 등

36 젖은 글루텐의 수분 함량
중량의 2/3 정도, 약 67%

37 빵류제품에서 설탕의 역할
- 단맛 부여
- 수분 보유력에 의한 노화 방지
- 껍질색 형성
- 이스트의 먹이 역할

→ 유해균의 발효 억제 : 소금의 역할

38 분유와 물의 사용량 계산 공식

- 우유는 10%의 고형분과 90%의 수분으로 이루어져 있음
- 분유
  → 2,000g×10% = 200g
- 물
  → 2,000g×90% = 1,800g

39 인산칼슘 ★★
pH를 효모의 발육에 가장 알맞은 4~6의 미산성 상태로 조절하는 역할을 함

40 물의 경도
무기질이 얼마나 물에 녹아있는지의 정도를 탄산칼슘의 양으로 환산하여 ppm 단위로 표시한 것

41 리놀레산
- 필수지방산으로 두뇌성장과 시각기능을 증진
- 들기름에 많이 함유됨

42 뼈를 구성하는 무기질 중 가장 중요한 것
칼슘(Ca)과 인(P)의 섭취량의 비율을 칼슘인비라고 하며 이 두 무기질은 인체의 골격을 구성하고 유지하며 서로 대사가 밀접하게 관계하고 있어 섭취의 비율이 매우 중요

43 비타민 결핍증
- 비타민 B_{12} : 악성빈혈, 간 질환
- 비타민 B_1 : 부종
- 비타민 D : 구루병
- 나이아신 : 펠라그라
- 리보플라빈 : 구내염

44 저온유통체계 ★★
변질되기 쉬운 식품을 생산지에서 소비자에게 전달하기까지 저온으로 보존하는 유통체계

45 열량 계산 공식

- 66kg의 성인의 1일 단백질 섭취량
  → 66kg×1.13g = 74.58g
- 단백질은 1g당 4kcal의 열량
  → 74.58g×4kcal = 298.3kcal

46 이성화당 ★★
포도당액을 효소나 알칼리 처리로 포도당의 일부를 과당으로 이성화한 당액

47 비타민 K
혈액의 응고에 관여하여 지혈작용을 하는 지용성 비타민으로 장내세균이 작용하여 인체 내에서 합성

48 세균성 경구 감염병
장티푸스, 콜레라, 세균성 이질, 파라티푸스
→ 폴리오 : 바이러스

49 산패
지방질 식품이 산화되어 변질되는 것

50 필수지방산
리놀레산, 리놀렌산, 아라키돈산

51 고온성 세균의 최적 온도
50~60℃

52 식품시설에서 교차오염을 예방하는 방법 ★★
- 위생적인 곳과 비위생적인 곳이 교차되지 않도록 함
- 작업 흐름을 일정한 방향으로 배치
- 위생품목과 비위생품목의 별도 보관

53 식품의 부패를 판정하는 방법
관능 검사, 생균수 검사, 화학적 검사, 물리적 검사 등

54 질병 발생의 3대 요소
감염원(병원채, 병원소), 감염경로(환경), 감수성 숙주

55 콜레라
전파가능성을 고려하여 발생 또는 유행 시 24시간 내 신고해야하는 제2급 법정감염병

56 세균성 식중독의 특징(경구 감염병과 비교)
다량의 균과 독소가 있어야 발병

57 살모넬라 식중독의 증상
복통, 설사 등의 급성 위장증세와 발열 등

58 합성 보존료
안식향산, 소르빈산, 데히드로초산
→ 부틸하이드록시아니졸(BHA) : 유지의 산패로 인한 품질저하를 방지하는 식품첨가물(산화방지제)

59 석탄산
소독제의 살균력 지표로 사용되며 평균 3%의 수용액으로 사용함

60 바이러스로 인한 감염병
천연두, 인플루엔자, 광견병, 일본뇌염, 폴리오, 간염 등

제빵기능사 필기 빈출 문제 9 정답 및 해설

정답

문제 본문 171p

1	①	2	①	3	③	4	②	5	①	6	①	7	④	8	③	9	④	10	③
11	②	12	②	13	④	14	④	15	②	16	④	17	①	18	②	19	④	20	③
21	④	22	①	23	②	24	④	25	②	26	②	27	①	28	③	29	③	30	②
31	②	32	②	33	①	34	④	35	④	36	③	37	④	38	③	39	②	40	③
41	④	42	①	43	④	44	①	45	①	46	②	47	③	48	②	49	③	50	④
51	①	52	④	53	①	54	②	55	④	56	②	57	④	58	④	59	③	60	②

해설

1 스트레이트법의 생이스트 양

보통 2~3%

2 2차 발효 과다 시 ★★

- 색상이 여리고 내상이 좋지 않음
- 신 냄새가 나고 오븐에서 주저앉음
- 노화가 빠름

3 배합표의 종류

베이커스 퍼센트	밀가루의 양을 100%로 보고 그 외 재료들이 차지하는 비율을 %로 나타낸 것
트루 퍼센트	전 재료의 양을 100%로 보고 각 재료가 차지하는 양을 %로 표시하는 방법

4 밀가루 무게 계산 공식

- 완제품의 무게
  → 500g×2개 = 1,000g
- 발효 손실을 감안한 반죽량
  → $\frac{1,000}{(1-0.01)} = 1,010$
- 굽기 손실을 감안한 반죽량
  → $\frac{1,010}{(1-0.12)} = 1,148$
- 밀가루의 무게(g)
  $= \frac{\text{밀가루 비율×총 반죽 무게}}{\text{총 배합률}}$
  → $\frac{100\% \times 1,148}{180\%} = 637.8g ≒ 638g$

5 스펀지 반죽법 중 스펀지 반죽의 재료

밀가루, 물, 이스트, 이스트푸드, 개량제
→ 설탕 : 본반죽에 사용

6 냉동반죽법

주로 노타임법을 사용하여 0~20분 정도의 짧은 1차 발효를 함

7 건포도 식빵

당의 함량이 높아 팬닝 시 기름칠을 더 많이 해야 함

8 노화를 지연시키는 방법

- 방습 포장재 사용
- 다량의 설탕 첨가
- 유화제 사용
  → 냉장 온도에서는 노화가 촉진되므로 -18℃ 이하 또는 21~35℃에 보관하는 것이 적합

9 굽기 과정 중 일어나는 현상
- 오븐 팽창과 전분 호화 발생
- 단백질 변성과 효소의 불활성화
- 빵 세포 구조 형성과 향의 발달
- 표피 부분이 150~160℃를 넘어서면 당과 아미노산이 멜라노이드를 만드는 마이야르 반응과 당의 캐러멜화 반응이 일어나 껍질색이 진하게 남

10 마이야르 반응
환원당과 단백질인 아미노화합물이 열에 의해 축합되어 멜라노이드 색소를 생성

11 이스트가 오븐 내에서 사멸하는 온도
60~63℃

12 분할량 계산 공식

- 반죽의 적정 분할량

$$= \frac{\text{틀의 용적}}{\text{비용적}}$$

$$\rightarrow \frac{2,300}{3.8} = 605.26\text{g}$$

13 이형유로 사용되는 기름
발연점이 높아야 함

14 반죽의 흡수율에 영향을 미치는 요인
물의 경도, 반죽의 온도, 소금의 첨가 시기

15 둥글리기의 목적
분할 시 자른 면의 점착성을 감소시키고 표피를 형성하여 끈적거림을 제거하고 탄력을 유지시킴

16 굽기 중에 일어나는 변화★★
- 이스트의 사멸 : 60℃
- 전분의 호화 : 54℃
- 탄산가스의 방출 : 49℃
- 단백질의 변성 : 74℃

17 냉동반죽법에 적합한 반죽 온도
18~24℃(이스트의 활동을 억제하는 낮은 온도로 반죽)

18 일반스트레이트법을 비상스트레이트법으로 변경하는 조치 사항
- 1차 발효시간을 줄임
- 이스트의 사용량을 2배 증가시킴
- 반죽 희망 온도를 30~31℃로 높임
- 물의 양을 1% 증가
- 믹싱 시간을 20~25% 늘림
- 설탕량을 1% 줄임

19 성형의 범위
분할, 둥글리기, 중간발효, 정형, 팬닝

20 튀김기름의 조건
- 발연점이 높은 것
- 산가가 낮은 것
- 산패에 대한 안정성이 좋을 것
- 여름철에는 높은 융점, 겨울철에는 낮은 융점의 기름 사용

21 유지의 크림성
유지가 믹싱을 통해 공기를 끌어들여 크림이 되는 것으로 부피를 좋게 함

22 펙틴
다당류 중 복합다당류에 속함

23 감미도의 순서
과당(175) 〉 전화당(130) 〉 설탕(100) 〉 포도당(75) 〉 맥아당(32) = 갈락토오스(32) 〉 유당(10)

24 지방산의 이중 결합 유무에 따른 분류
탄소와 탄소 사이의 결합이 단일 결합인 경우 포화지방산이라 하고 이중결합이 있는 경우 불포화지방산이라 함

25 단백질
약 20여종의 아미노산이 펩타이드결합으로 이루어진 유기화합물

26 α-아밀라아제★★
- 전분을 가용성의 덱스트린으로 분해하여 액화효소라 함
- 내부 결합을 가수분해할 수 있어 내부 아밀라아제라고도 함
- 베타 아밀라아제에 비해 열 안정성이 큼

27 빵의 부피 : 소맥분의 단백질 함량 ★★
밀가루 반죽 단백질의 주성분인 글루텐은 빵의 발효과정에서 탄산가스의 보호막 역할을 하기 때문에 빵의 부피에 가장 큰 영향을 줌

28 글루테닌
글루텐 형성의 주요 성분에는 글루테닌과 글리아딘이 있으며 탄력성을 부여하는 단백질은 글루테닌임

29 전화당
설탕을 포도당과 과당으로 가수분해하여 만든 당으로 설탕에 비하여 감미도가 높고 수분 보유력이 높아 제품의 보존기간을 지속시킬 수 있음

30 우유가 미치는 영향
- 영양 강화
- 보수력이 강해 노화 지연
- 겉껍질 색깔을 강하게 함
- 이스트에 의해 생성된 향을 착향시킴

31 생이스트
- 압착 효모라고도 함
- 구성 : 수분 65~75%, 고형분 30~35%
- 적정 보관 온도 : －1~5℃
- 자기소화를 일으키기 쉬움
- 곰팡이 등의 배지 역할

32 베이킹파우더
탄산수소나트륨($NaHCO_3$), 산작용제, 부형제로 구성

33 이스트 푸드 : 아조디카본아마이드(ADA) ★★
글루텐을 강화시켜 제품의 부피를 증가시키는 산화제

34 식염이 반죽의 물성 및 발효에 미치는 영향
- 흡수율 감소
- 반죽 시간이 길어짐
- 껍질 색상을 더 진하게 함
→ 프로테아제 : 단백질 분해효소로 글루텐을 악화시키며 소금과는 관계 없음

35 유화제 ★★
- 물과 기름이 잘 혼합되게 함
- 반죽의 기계적 내성을 향상시켜 반죽의 찢어짐을 방지
- 빵이나 케이크의 노화를 지연
- 조직을 부드럽게 하고 부피를 증가시킴

36 향신료 사용 목적
- 식품의 풍미를 향상시켜 식욕을 증진시키는 것
- 육류나 생선의 냄새를 완화
- 강한 향이나 매운맛이 나는 향신료는 적정량을 사용해야 함
- 제품에 식욕을 불러일으키는 색을 부여

37 아밀로그래프
밀가루와 물의 현탁액을 일정한 온도로 균일하게 상승시킬 때 일어나는 점도의 변화를 기록하는 장치로 밀가루의 호화 온도, 호화정도, 점도의 변화를 측정할 수 있음
→ 전분의 다소 측정 : 아밀로그래프의 기능이 아님

38 면실유
목화씨에서 짜낸 반건성유로 발연점이 높아 튀김용 유지로 적합

39 이스트의 효소
말타아제, 인버타아제, 찌마아제, 프로테아제, 리파아제 등

40 수분 함량과 흡수율
밀가루의 수분 함량이 1% 감소할 때마다 흡수율은 1.3~1.6% 증가

41 체내에서 물의 역할
- 물은 영양소와 대사산물을 운반
- 땀이나 소변으로 배설되며 체온 조절을 함
- 영양소 흡수로 세포막에 농도차가 생기면 물이 바로 이동
→ 수분은 대변으로도 배설됨

42 식품의 열량 계산 공식

- 탄수화물과 단백질은 1g당 4kcal의 열량을 내며 지방은 1g당 9kcal의 열량을 냄
- (탄수화물의 양+단백질의 양)×4+(지방의 양×9)

43 필수아미노산

성인에게 필요한 필수아미노산은 리신, 이소루신, 루신, 메티오닌, 페닐알라닌, 트레오닌, 트립토판, 발린이며 유아의 경우 히스티딘과 알기닌을 추가한 10종의 아미노산이 필요

44 유지

탄소, 수소, 산소로 이루어진 유기화합물

45 포도당

신경세포, 적혈구의 에너지원으로 체내 당대사의 중심물질로 호르몬의 작용에 의하여 적절한 혈당을 유지하고 과잉 포도당은 지방으로 전환됨

46 마그네슘

골격과 치아의 구성 성분으로 결핍 시 만성설사와 구토, 근육과 신경이 떨리는 마그네슘 경련을 일으킴

47 필요 단백질 계산 공식

- 단백질에서 얻고자 하는 양
  → 2,700×0.12 = 324kcal
- 단백질은 1g당 4kcal의 열량을 냄
  → 324kcal÷4kcal = 81g

48 무기질

- 인체를 구성하는 유기물이 연소한 후에도 남아있는 회분
- 우리 몸의 경조직 구성 성분
- 효소의 기능을 촉진
- 세포의 삼투압 평형유지 작용
  → 인체를 구성하는 구성영양소로 열량을 내는 열량 급원은 아님

49 비타민 결핍증

비타민 D : 구루병, 골다공증
비타민 A : 안구 건조증, 야맹증
비타민 B_1 : 각기병
비타민 C : 괴혈병

50 빵류제품 제조공정의 4대 중요 관리항목 ★★

시간관리, 온도관리, 공정관리, 습도관리

51 소르빈산

잼, 케찹, 팥앙금류 등에 사용하는 보존료

52 유지의 산패

열에 의한 식용유의 변질은 지방산이 산화되어 변질되는 산패임

53 바이러스에 의한 감염병

천연두, 간염, 인플루엔자, 일본뇌염, 폴리오, 광견병 등

54 감염형 식중독

살모넬라균 식중독, 병원성 대장균 식중독, 장염 비브리오균 식중독
→ 포도상구균 식중독 : 독소형 식중독

55 부패와 pH 변화 ★★

육류의 부패 시 초기에는 호기성균들이 산을 생성하여 pH가 낮아지고 시간이 경과하면 곰팡이와 혐기성 세균 등이 산을 분해하고 단백질을 분해하여 암모니아 등의 염기성 물질을 생성하므로 pH가 상승하여 알칼리성이 됨

56 아스파탐 ★★

- 흰색의 결정성 분말로 냄새는 없고 일반적으로 단맛이 설탕의 200배 정도 되는 아미노산계 식품 감미료
- 주로 청량음료, 아이스크림, 주류 등에 사용

57 식품의 부패 판정 중 화학적 검사 방법 ★★

pH 측정, 휘발성 염기질소량 측정, 트리메틸아민 양 측정 등
→ 탄력성의 측정 : 물리적 검사

58 식품의 처리, 가공, 저장 과정에서 오염

- 농산물의 재배, 축산물의 성장과정 중 1차 오염이 있을 수 있음
- 수확, 채취, 어획, 도살 등의 처리과정에서 2차 오염이 있을 수 있음
- 양질의 원료와 용수로 1차 오염을 방지할 수 있음
- 2차 오염은 살균한 식품이 다시 미생물에 의해 오염되는 것을 말하며 2차 오염을 방지하기 위해서는 종업원의 철저한 위생관리 뿐만 아니라 작업장 전체의 위생관리 필요

59 리케차(rickettsia)

세균과 바이러스의 중간에 속하며 살아있는 세포 속에서만 증식

60 착색료

- 인공색소는 천연색소에 비해 색이 다양하고 선명하여 값이 저렴함
- 타르계 색소는 분말청량음료에 일부 사용할 수 있으며, 카스테라, 레토르트 식품에는 사용할 수 없음

제빵기능사 필기 빈출 문제 ⑩ 정답 및 해설

정답

문제 본문 182p

1	③	2	④	3	②	4	④	5	③	6	②	7	④	8	④	9	①	10	④
11	①	12	②	13	①	14	③	15	③	16	①	17	②	18	①	19	②	20	④
21	③	22	③	23	①	24	②	25	④	26	③	27	③	28	③	29	④	30	②
31	④	32	②	33	④	34	①	35	③	36	④	37	①	38	③	39	①	40	①
41	②	42	④	43	④	44	③	45	③	46	④	47	②	48	②	49	①	50	①
51	②	52	②	53	④	54	④	55	③	56	①	57	③	58	①	59	④	60	④

해설

1 스트레이트법 적정 반죽 온도
26~27℃

2 냉각 손실
- 식히는 동안 수분 증발로 무게 감소
- 여름철보다 겨울철이 냉각 손실이 큼
- 상대습도가 높으면 냉각 손실이 작음
- 평균 2% 정도가 적당

3 2차 발효 시 3가지 주요 요인
온도, 상대습도, 발효시간

4 2차 발효실의 습도가 높을 때의 결점
- 반점이나 줄무늬가 나타남
- 껍질에 수포가 생성되고 질긴 껍질 형성
- 제품의 윗면이 납작해짐

5 일반스트레이트법을 비상스트레이트법으로 전환
- 물 사용량을 1% 증가시킴
- 이스트 사용량을 2배 증가시킴
- 설탕 사용량을 1% 감소시킴
- 반죽 시간을 증가시킴

6 어린 반죽으로 만든 제품의 특징★★
- 숙성되지 않아 부피가 작음
- 껍질색은 어두운 적갈색을 띰
- 내상이 무겁고 어두움
- 향이 약하고 생 밀가루 냄새가 남

7 정형
분할 → 둥글리기 → 중간 발효 → 성형 → 팬닝

8 글루텐 함량이 많은 밀가루를 사용했을 때 ★★
- 부피가 큼
- 겉껍질이 거칠고 두꺼움
- 기공이 불규칙함
- 외형이 비대칭성

9 팬기름의 조건
발연점이 높고 무색, 무취, 무미여야 하며 산패에 강해야 함

10 중간발효
- 온도 30℃ 이내, 상대습도 75% 전후에서 실시
- 반죽의 온도, 크기에 따라 시간이 달라짐
- 반죽의 상처회복과 성형을 용이하게 하기 위함
- 상대습도가 낮으면 덧가루 사용량이 줄어듦

11 냉동반죽법에서 1차 발효시간이 길어질 경우
냉동 저장성이 짧아짐

12 정상작인 스펀지 반죽을 발효시킬 때 반죽 내부의 온도

4~6℃ 정도 상승하는 것이 적당

13 소맥분의 4%에 해당하는 탈지분유 사용

- 탈지분유에 함유되어 있는 유당이 캐러멜화를 일으켜 껍질색을 진하게 함
- 영양 가치를 높임
- 맛이 좋아짐
- 제품 내상이 좋아짐

14 펀치시간 계산 공식★★

- 1차 발효시간 중 2/3 시점에서 해주는 것이 좋음
  → 90분×2/3 = 60분

15 빵의 노화를 억제하는 방법

- −18℃ 이하로 저장
- 유화제 사용
- 물의 사용량을 높여 수분 함량을 높임
- 설탕량 증가

16 반죽 흡수율 계산 공식

- 일반적으로 단백질이 1% 증가하면 반죽의 흡수율은 1.5% 증가

17 가소성

유지가 상온에서 고체 모양을 유지하는 성질로 빵 반죽의 신장성을 좋게 하여 잘 밀어펴지게 해주며 파이, 크로와상, 데니시 페이스트리, 퍼프 페이스트리 등은 유지의 가소성을 이용한 제품

18 수분 함량이 가장 높은 굽기 온도

분할량이 동일한 반죽을 동일한 시간 내에 굽기를 하는 경우 온도가 낮을수록 수분의 증발이 적어 수분 함량이 많음

19 스펀지 반죽에 밀가루 사용량을 증가시킬 경우

- 스펀지 반죽의 발효시간은 길어지고 도 반죽 발효시간은 짧아짐
- 반죽의 신장성이 좋아짐
- 완제품의 부피가 커지고 기공막이 얇아짐
- 조직이 부드러워 품질이 좋아지고 풍미가 강해짐

20 빵의 부피가 커지는 이유★★

- 이스트 사용량이 과다한 경우
- 소금 사용량이 적은 경우
- 발효가 과다한 경우
- 팬 기름칠이 부족한 경우
- 반죽 분할량이 과다한 경우

21 노동분배율 계산 공식

- 노동분배율

$$= \frac{\text{인건비}}{\text{생산가치}} \times 100$$

$$\rightarrow \frac{14,000,000}{30,000,000} \times 100 = 46.7\%$$

22 식빵의 밑이 움푹 패이는 원인★★

- 2차 발효실의 습도가 높을 때
- 팬의 바닥에 수분이 있을 때
- 오븐의 바닥열이 높을 때
- 팬에 기름칠을 하지 않을 때

23 식빵 제조 시 적당한 CO_2 생산을 하는 데 필요한 설탕 사용량

3~4%

24 이스트 푸드

칼슘염, 인산염, 암모늄염, 전분

25 연수

60ppm 이하

26 원가 구성요소

- 직접 원가 = 직접 재료비+직접 노무비+직접 경비
- 제조 원가 = 직접비+제조 간접비
- 총 원가 = 제조 원가+판매비+일반 관리비

27 생이스트
수분 70% + 고형분 30%

28 달걀
30℃에서 기포성과 포집성이 가장 좋음

29 우유 단백질 응고
우유 단백질인 카제인은 산과 레닌에 의해 응고되고 락토알부민과 락토글로불린은 열에 의해 응고됨

30 유지에 유리지방산이 많을수록
발연점은 낮아짐

31 캐러멜화가 가장 빠른 것 : 포도당★★
포도당은 캐러멜화의 온도가 낮아 가장 빠르게 캐러멜화가 일어남

32 밀알
배아, 배유, 외피

33 불포화도가 가장 큰 건성유
기본적으로 요오드값이 높으면 불포화도가 높으며 요오도값이 130 이상인 건성유에는 들기름, 잣기름, 호두기름 등이 있음

34 맥아★★
- 주로 보리를 발아시켜 만듦
- 아밀라아제가 전분을 맥아당으로 가수분해 함
- 맥아당은 이스트의 먹이로 사용되어 이스트의 활성을 촉진시킴

35 노타임법으로 변경 시 조치 사항
- 물 사용량을 2% 줄임
- 설탕 사용량을 1% 줄임
- 이스트 사용량을 0.5~1% 늘림
- 비타민 C, 브롬산칼슘 등을 산화제로 30~50ppm 사용함
- L-시스테인을 환원제로 10~70ppm 사용함

36 튀김기름의 품질을 저하시키는 것
공기(산소), 수분, 이물질, 온도 등

37 아스파탐★★
흰색의 결정성 분말이며 냄새는 없고, 단맛이 설탕의 200배 정도되는 아미노산계 식품 감미료

38 대용분유★★
유장에 탈지분유, 밀가루, 대두분 등을 혼합하여 탈지분유의 기능과 유사하게 만든 제품

39 경수 사용 시
- 이스트 푸드, 소금, 무기질의 사용량을 감소시킴
- 이스트 사용량, 가수량 증가시킴
- 효소공급을 늘려 발효촉진

40 단당류와 이당류

단당류	포도당, 과당, 갈락토오스
이당류	맥아당, 유당, 설탕

41 소화된 영양소
주로 소장에 흡수

42 탄수화물의 대사
- 포도당으로부터 글리코겐을 합성하여 저장
- 혐기성 상태에서 젖산 생성
- 호기성 상태에서 TCA회로를 거쳐 완전 산화되어 이산화탄소와 물이 됨
- 섭취 부족 시 단백질을 분해하여 에너지로 사용하게 되어 단백질의 낭비가 일어나고 지방의 산화가 불충분하여 대사 이상이 발생

43 엽산(folic acid)★★
헤모글로빈, 적혈구를 비롯한 세포의 생성을 도우며 지질대사에는 관계하지 않음

44 손익분기점 계산 공식

- 손익분기점은 이익과 손실이 같아지는 지점을 말함
- 손익분기점
  → $(70-50)x-5,000 = 0$
  → $x = 5,000/20 = 250$개

45 담즙산 ★★

쓸개즙의 주요 성분으로 물에 잘 녹지 않는 지질을 유화시켜 지방분해효소인 리파아제의 작용을 받을 수 있도록 만들어 줌

46 갈락토오스 ★★

단당류로 포도당과 결합하여 유당을 구성하며, 뇌신경 등에 존재

47 지방의 소화

빵류 또는 과자류 속에 함유되어 있는 지방이 리파아제에 의해 소화되면 글리세롤과 지방산으로 분해

48 열량 계산 공식

- 탄수화물
  → 100×75% = 75g
- 단백질
  → 100×10% = 10g
- 지방
  → 100×1% = 1g
- 탄수화물과 단백질은 1g당 4kcal, 지방은 1g당 9kcal를 냄
  → (75+10)×4kcal+(1×9kcal) = 349kcal

49 무기질

황	피부, 손톱, 모발 등에 함유, 해독작용, 체구성 성분, 산과 염기의 균형을 조절하는 기능
칼슘	주로 골격과 치아를 구성하고 혈액 응고 작용을 도움
나트륨	주로 세포 외액에 들어있고 삼투압 유지에 관여
요오드	갑상선 호르몬의 주성분으로 결핍되면 갑상선종을 일으킴

50 단순다당류

단당류로만 구성된 다당류로 전분, 글리코겐, 섬유소, 이눌린 등

→ 펙틴 : 복합다당류

51 요소 수지

포름알데히드가 이행될 수 있음

52 탄저균 ★★

내열성포자를 형성하며 급성감염병을 일으키는 병원체로 생물학전이나 생물테러에 이용될 위험성이 높은 병원체

53 곰팡이 및 세균을 방지하기 위한 방법 ★★

- 작업자 및 기계, 기구를 청결히 하고 공장내부의 공기를 순환시킴
- 이스트 첨가량을 늘리고 발효 온도를 약간 낮게 유지하면서 충분히 구움
- 초산, 젖산 및 사워 등을 첨가하여 반죽의 pH를 낮게 유지
  → 소르빈산 : 케첩, 팥앙금 등에 사용하는 보존료로 빵 반죽에는 사용하지 않음

54 위생동물의 특성 ★★

- 식성 범위가 넓음
- 음식물과 농작물에 피해를 줌
- 병원미생물을 식품에 감염시키는 것도 있음
- 일반적으로 발육기간이 짧고, 번식 왕성

55 유구조충

갈고리촌충이라고도 하며 돼지에 의해 감염되는 기생충

56 식중독의 보고 ★★

식중독 환자나 식중독이 의심되는 증세를 보이는 자를 진단, 검안, 발견한 의사나 한의사, 집단급식소의 설치·운영자는 지체 없이 관할 시장·군수·구청장에게 보고해야 함

57 결핵 ★★

오염된 우유나 유제품 등을 통해 사람에게 감염되는 감염병으로 정기적인 투베르쿨린 반응검사를 실시하여 감염된 소를 조기에 발견하여 치료할 수 있음

58 장염 비브리오 식중독의 증상

복통, 수양성 설사 등의 급성위장염 증세와 발열

→ 피부농포는 포도상구균, 신경마비 증상은 보툴리누스균

59 편성 혐기성균 ★★

혐기성균은 생육에 산소를 필요로 하지 않는 균으로 통성 혐기성균의 경우 산소의 유무와 관계없이 생육이 가능하며 편성 혐기성균의 경우 산소를 절대적으로 기피하는 균

60 식중독 예방법

- 먹기 전에 가열처리
- 조리한 식품은 빠른 시간 내에 섭취
- 냉장·냉동 보관하여 오염균의 발육과 증식을 방지
- 설사환자나 화농성 질환자의 식품 취급 금지
- 식기, 도마 등은 세척과 소독을 철저히 함